从零开始

学电工电路

刘建清 ◎ 主编

陶柏良　范军龙 ◎ 编著

人民邮电出版社

北　京

图书在版编目（CIP）数据

从零开始学电工电路 / 刘建清主编；陶柏良，范军
龙编著. -- 北京：人民邮电出版社，2019.4
ISBN 978-7-115-50773-0

Ⅰ．①从… Ⅱ．①刘… ②陶… ③范… Ⅲ．①电工－
基本知识②电路－基本知识 Ⅳ．①TM

中国版本图书馆CIP数据核字(2019)第023415号

内 容 提 要

这是一本专门为电工电路初学者"量身定做"的"傻瓜型"教材，本书采用新颖的讲解形式，深入
浅出地介绍了电工电路相关知识，主要包括：电路基本知识、电路基本定律和定理、电路的等效和分析
方法、磁路基本知识、交流电路、互感和变压器、电路仿真软件，最后讲解了电工基本技能等方面的内
容。

全书语言通俗，重点突出，图文结合，简单明了，具有较强的针对性和实用性，适合电子初学者、
无线电爱好者阅读，也可作为中等职业学校、中等技术学校相关专业培训教材使用。

- ◆ 主　　编　刘建清
　　编　　著　陶柏良　范军龙
　　责任编辑　黄汉兵
　　责任印制　彭志环
- ◆ 人民邮电出版社出版发行　　北京市丰台区成寿寺路 11 号
　　邮编　100164　　电子邮件　315@ptpress.com.cn
　　网址　http://www.ptpress.com.cn
　　三河市中晟雅豪印务有限公司印刷
- ◆ 开本：787×1092　1/16
　　印张：13.5　　　　　　　　　　2019 年 4 月第 1 版
　　字数：321 千字　　　　　　　2019 年 4 月河北第 1 次印刷

定价：49.00 元

读者服务热线：(010)81055488　印装质量热线：(010)81055316
反盗版热线：(010)81055315

　　我们所处的时代是一个知识爆发的时代，新产品、新技术层出不穷，电子技术发展更是日新月异。当你对妙趣横生的电子世界发生兴趣时，首先想找一套适合自己学习的电子方面的图书阅读，"从零开始学电子"丛书正是为了满足零起点入门的电子爱好者而写的。全套丛书共有如下 6 册。

　　从零开始学电工电路

　　从零开始学电动机、变频器和 PLC

　　从零开始学电子元器件识别与检测

　　从零开始学模拟电路

　　从零开始学数字电路

　　从零开始学 51 单片机 C 语言

　　和其他电子技术类图书相比，本丛书具有以下特点。

　　内容全面，体系完备。本丛书给出了电子爱好者学习电子技术的全方位解决方案，既有初学者必须掌握的电工电路、模拟电路和数字电路等基础理论，又有电子元器件检测、电动机等操作性较强的内容，还有变频器、PLC、51 单片机、C 语言等软硬件结合方面的综合知识。内容翔实，覆盖面广。掌握好本系列内容，读者不但能轻松读懂有关电子科普类杂志，再稍加实践，必定成为本行业的行家里手。

　　通俗易懂，重点突出。传统的图书在介绍电路基础和模拟电子等内容时，大都借助高等数学这一工具进行分析，电子爱好者自学电子技术时，必须先学高等数学，再学电路基础，门槛很高，大多数电子爱好者被拒之门外，失去了学习的热情和兴趣。为此，本丛书在编写时，完全考虑到了初学者的需要，既不讲难懂的理论，也不涉及高等数学方面的公式，尽可能地把复杂的理论通俗化，将烦琐的公式简易化，再辅以简明的分析和典型的实例。这构成了本丛书的一大亮点。

　　实例典型，实践性强。本丛书最大程度地强调了实践性，书中给出的例子大都经过了验证，可以实现，并且具有代表性。本丛书中的单片机实例均提供有源程序，并给出实验方法，以方便读者学习和使用。

　　内容新颖，风格活泼。丛书所介绍的都是电子爱好者关心的并且在业界获得普遍认同的内容。丛书的每一本都各有侧重，又互相补充，论述时疏密结合，重点突出，不拘一格。对于重点、难点和容易混淆的知识，书中还用专用标识进行了标注和提示。

　　把握新知，结合实际。电子技术发展日新月异，为适应时代的发展，丛书还对电子技术的新知识做了详细的介绍；丛书中涉及的应用实例都是作者开发经验的提炼和总结，相信会给读者带来很大的帮助。在讲述电路基础、模拟和数字电子技术时，还专门安排了软件仿真实验，实验过程非常接近实际操作的效果。仿真软件不但提供了各种丰富的分立元件和集成电路等元器件，还提供了各种丰富的调试测量工具：各种电压表、电流表、示波器、指示器、分析仪等。仿真软件是一个全开放性的仿真实验平台，给我们提供了一个完备的综合性实验室，可以任意组合实验环境，搭建实验。电子爱好者通过实验，将使学习变得生动有趣，加深对电路理论知识的认识，一步一步走向电子制作和电路设计的殿堂。

总之，对于需要学习电子技术的电子爱好者而言，选择"从零开始学电子"丛书不失为一个良好选择。该丛书一定能给你耳目一新的感觉。当你认真阅读完本丛书后会发现，无论是你所读的书，还是读完书的你，都有所不同。

在内容安排上，本书首先介绍了电子技术常用的名称、概念，比如什么是电流、电压、电动势，什么是磁场、磁力线、磁通等，然后对直流电路的基本定律、定理和交流电路、三相交流电路进行了简要分析，并介绍了两种常用的仿真软件在电路分析中的应用，最后，结合实践，对电工人员常用工具、电路及操作进行了总结。

本书具有较强的针对性和实用性，内容新颖、资料翔实、通俗易懂，同时，考虑到初学者使用方便，书中所讲解的基本概念和电路均进行了认真的分类和总结。

参加本书编写工作的还有宗军宁、刘水潺、宗艳丽等同志。由于作者水平有限，疏漏之处难免，诚恳希望各位读者批评指正。

作者

2018 年 8 月

目 录

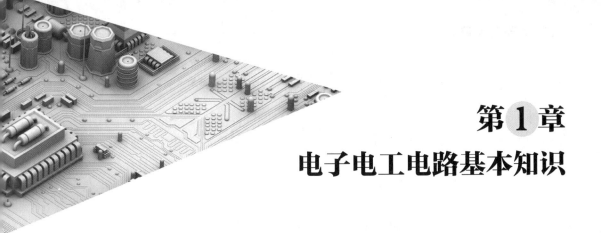

第1章
电子电工电路基本知识

本章主要介绍电子电工电路基本知识点，主要包括电路及电路图，电阻及电阻定律、串并联电路，导体、绝缘体、半导体和超导体，电荷、电场和电容器等。

|1.1 电路及其基本物理量|

1.1.1 电路和电路图

1. 电路

电路就是电的流通路径，通常由电源、负载、连接导线和控制器组成。其中，电源是将非电能转换为电能的设备，如电池、发电机等；负载是将电能转换为非电能的设备，如电灯、电炉、电动机等；连接导线用以传输及分配电能，控制器用来控制电路通断、保护电源，如开关、保险丝、继电器等。图 1-1 是一个简单的电路，也就是我们日常生活中经常用到的手电简单电路。

2. 电路图

在实际工作中，为便于分析，通常将电路中的实际元件用图形符号表示在电路中，称为电路原理图，也叫电路图，图 1-2 所示的是图 1-1 的电路图。

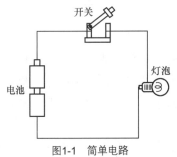

图1-1　简单电路

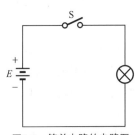

图1-2　简单电路的电路图

图 1-3 所示的是电路图中几种常用元件符号。

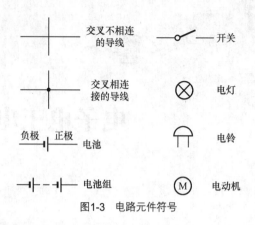

图1-3　电路元件符号

3. 串联电路和并联电路

按图 1-4 所示的那样，把两只小灯泡顺次连接在电路里，一只灯泡亮时另一只也亮。像这样把元件逐个顺次连接起来，就组成了串联电路。

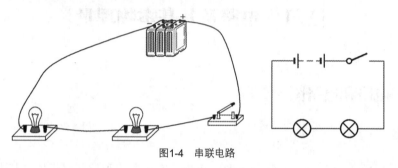

图1-4　串联电路

如果要求两只灯泡可以各自开和关，互不影响，可以按图 1-5 所示的那样，把两只灯泡并列地接在电路中，并各自安装一个开关。像这样把元件并列地连接起来，就组成了并联电路。

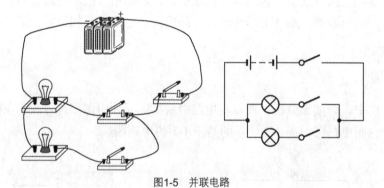

图1-5　并联电路

串联电路和并联电路是最基本的电路，它们的实际应用非常普遍。市场上出售的一种装饰用小彩灯，经常被用来装饰店堂、居室，烘托欢乐的气氛，其中的几十只彩色小灯泡就是串联的。在我们的家庭中，像电灯、电风扇、电冰箱、电视机等用电器，都是并联在电路中的，如图 1-6 所示。

有了串联电路和并联电路的知识，就可以根据实际需要来连接电路了，如果要使几个电器总是同时工作（只要有一个开路，其他的就停止工作），可以把它们串联在电路中，如果要求几个用电器可以分别控制，就应该把它们并联在电路中，并且分别装上开关。

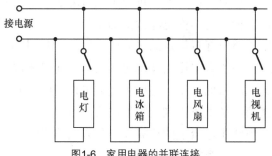

图1-6 家用电器的并联连接

1.1.2 电路基本物理量

1. 电流

（1）电流的定义

水管中的水流有大有小，在相同的时间内，从水管中流出的水越多，水流就越大。导体中的电流也有大小，但是电流看不见、摸不着，怎样才能知道它的大小呢？

人们发现，电流通过导体时会产生各种效应。我们可以根据产生的效应的大小来判断电流的大小。电流通过灯泡时，灯丝变热而发光，这是电流的热效应。电流还可以产生磁效应，我们将在以后相关章节中学习，下面我们做以下实验，来判断电流的大小。

实验时，把一只小灯泡用导线跟一节干电池连通，再把这只小灯泡跟两节干电池连通，注意观察这两种情况下灯泡的发光亮度。

从实验可以看出，用一节干电池时，小灯泡发光较暗，用两节干电池时，小灯泡发光较亮。对同一小灯泡，越亮就表示通过它的电流产生的效应越大，也就是电流越大。电流是由电荷的移动形成的，在一定时间内，通过导体某一横截面的电荷越多，即电量越多，电流就越大。

电流的大小用电流强度（简称电流）表示，电流强度等于 1 秒内通过导体横截面的电量，国际上通常用字母 I 表示电流，如果用 q 表示通过导体横截面的电量，t 表示通电时间，那么：

$$I=\frac{q}{t}$$

如果上式中 q 的单位用库，时间 t 的单位用秒，电流 I 的单位就是安培，简称安，符号是 A。如果在 1 秒钟内通过导体横截面的电量是 1 库，导体中的电流就是 1 安。

$$1 \text{ 安}=1 \text{ 库}/1 \text{ 秒}$$

如果 10 秒内通过导体横截面的电量是 20 库，那么导体中的电流：

$$I=q/t=20 \text{ 库}/10 \text{ 秒}=2 \text{ 安}$$

常用的电流单位还有毫安（mA）和微安（μA），电流单位的换算关系如下：

$$1A=1000mA$$

$$1mA=1000\mu A$$

（2）电流的方向

电流不但有大小，而且还有方向，习惯规定正电荷运动的方向或负电荷（自由电子）运动的反方向为电流的实际方向。电路中电流数值的正与负与参考方向密切相关。

参考方向是计算复杂电路时任意假定的电流或电压的方向，并不一定是它们的实际方向，所以，参考方向仅仅是计算电流或电压值和确定其实际方向的依据。

引入参考方向这个概念的目的在于，可以用代数量说明电流的大小和方向，代数量的绝对值表示电流的大小，正值和负值可以判定它们的实际方向。

引入参考方向解决了电路中电流值的计算及实际方向的确定问题，那么参考方向怎样设置，代数量怎样表示电流的大小和方向呢？

参考方向是任意假定的电流的方向，如图1-7（a）、（b）所示，电流的方向不是a到b，就是b到a，可以任意选定一个方向。

若电流的计算值为正，表示实际方向与参考方向相同，见图1-7（a）。

若电流（或电压）的计算值为负，表示实际方向与参考方向相反，见图1-7（b）。

注意事项：电流的实际方向是客观存在的，与参考方向的设置无关。参考方向假定的电流的方向，是计算的唯一依据，一经选定，在电路计算中就要以此为标准，不能随意变动。在不注明参考方向时，电流的正负值均无意义。对同一电流，若参考方向选择不同，计算结果数值相同，正负相反。

（3）电流的分类

电流可分为直流电流和交流电流两大类。

直流电流是大小和方向不随时间变化的恒定电流，如图1-8所示。

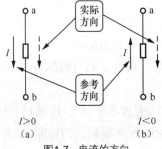
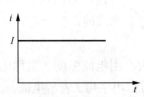

图1-7 电流的方向   图1-8 直流电流

交流电流是大小和方向均随时间变化的电流，常见的交流电流主要有正弦交流电流（如图1-9所示）和锯齿波电流（如图1-10所示）等，交流电流一般用小写字母 i 表示。

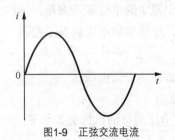
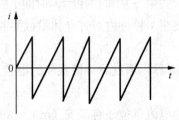

图1-9 正弦交流电流   图1-10 锯齿波电流

为便于理解和记忆，现将电流小结如下（如表1-1所示）。

表 1-1　　　　　　　　　　　　　　　　　电流小结

电流			
定义	符号、数学表达式	单位名称（符号）及换算关系	实际方向
电荷有规则的运动形成电流。其大小等于穿过某导体横截面的电荷量与所需时间之比，这个比值称为电流强度，简称电流	大小和方向均不随时间改变的电流称为恒定电流或直流电流,简称直流（DC），用符号 I 表示。 $I=\dfrac{q}{t}$ 大小方向随时间变化的电流称为变动电流，用符号 i 表示。 在 1 个周期内平均值为零的变动电流称为交变电流，简称交流（AC），也用符号 i 表示	千安（kA）、安培（A）、毫安（mA）、微安（μA）、纳安（nA） $1kA=10^3A$ $1mA=10^{-3}A$ $1\mu A=10^{-6}A$ $1nA=10^{-9}A$ 1A=1 库仑（C）/1 秒（s）	习惯规定正电荷定向运动的方向或负电荷(自由电子)定向运动的反方向

2. 电压

（1）电压的定义

为了衡量电场力做功的大小，引入了电压这个物理量。从电场力做功概念出发，电压就是将单位正电荷从电路中一点移至电路中另一点时，电场力做功的大小，如图 1-11 所示。

电压类似于我们生活中常说的水压，其定义为：a、b 两点间的电压 U_{ab} 在数值上等于把单位正电荷从 a 点移到 b 点时，电场力所做的功，用公式表示为：

$$U_{ab}=\frac{W}{q}$$

电压的单位是伏特，简称伏，符号是 V，一节干电池的电压 U=1.5V，家庭电路的电压 U=220V。比伏大的单位有千伏（kV），比伏小的单位有毫伏（mV）、微伏（μV）等。它们的换算关系如下：

$$1kV=1000V$$

$$1V=1000mV$$

$$1mV=1000\mu V$$

（2）电压的方向

电压不但有大小，而且还有方向，电压的实际方向规定由实际高电位指向实际低电位。在不知道电压实际方向时，可以先假定一个参考方向。

参考方向是任意假定的电压的方向。如图 1-12（a）、（b）所示，电压的方向不是 a 到 b，就是 b 到 a，你可以任意选定一个方向。

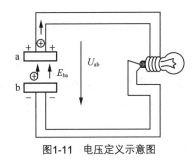

图1-11　电压定义示意图

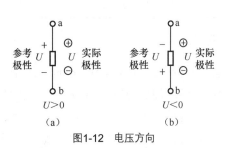

图1-12　电压方向

若电压的计算值为正，表示实际方向与参考方向相同，见图1-12（a）。

若电压的计算值为负，表示实际方向与参考方向相反，见图1-12（b）。

在电路图中，一般用"+""-"号标出电压的参考方向。"+"号为高电位，"-"号为低电位，由高电位指向低电位的方向是电压的参考方向。文字叙述时，多用字母加双下标表示参考方向。例如，在图1-12所示的电路中，电压的参考方向由a到b，可用U_{ab}表示。

（3）电压的分类

电压可分为直流电压和变动电压两大类。

直流电压是指大小和方向均不随时间变化的电压，也称为恒定电压，一般用大写符号U表示，如图1-13所示。

大小和方向均随时间变化的电压，称为变动电压，图1-14所示的方波电压即为变动电压。

周期性变化且平均值为零的变动电压称为交流电压，常见正弦交流电压如图1-15所示。

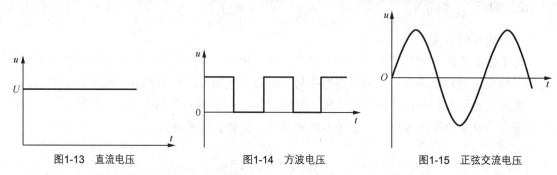

图1-13　直流电压　　　　　图1-14　方波电压　　　　　图1-15　正弦交流电压

为便于理解和记忆，现将电压小结如下，如表1-2所示。

表1-2　　　　　　　　　　　　　　　　电压小结

电压			
定义	符号数学定义	单位名称及换算关系	实际方向
电路中a、b两点间的电压等于单位正电荷在电场力作用下，由a点移到b点电能的变化量与电荷量之比。电压是衡量电场力做功能力的物理量	大小和方向均不随时间的变化的电压称为恒定电压或直流电压，用符号U表示 $$U_{ab}=\frac{w}{q}$$ 大小和方向均随时间变化的电压称为变动电压，用符号u表示。周期性变化且平均值为零的电压称为交流电压，也用符号u表示	千伏（kV）、伏特（V）、毫伏（mV）、微伏（μV） $1kV=10^3V$ $1mV=10^{-3}V$ $1\mu V=10^{-6}V$ $1V=1$ 焦耳（J）/1 库仑（C）	从高电位指向低电位，即电位下降的方向

3. 电位

在电路分析中，经常用到"电位"这个物理量，那么"电位"是什么呢？在电路中任选一参考点，计算或测量其他各点对参考点的电压降，所得的结果就是节点的电位。

对于"电位"，需要说明以下几点。

（1）电位是相对物理量，如果不确定参考点，讨论电位的高低无意义。

（2）在同一电路中，参考点不同时，各点电位值不同。

（3）在同一电路中，参考点确定后，电路中各点电位有唯一确定数值（电位单值性原理）。

（4）常选大地或设备机壳作为参考点。

（5）电位的单位与电压单位相同。

为便于理解和记忆，现将电位小结如下，如表 1-3 所示。

表 1-3　　　　　　　　　　　　电位小结

电位		
定义符号	电位与电压关系	正负值意义
在电路中任选一点"0"为参考点，则由某点 a 到参考点"0"之间的电压 U_{a0} 称为 a 点的电位，记为 U_a。参考电位点可任意选择，若选 0 点为参考点，则 $U_0=0V$，即参考点的电位等于 0	两点之间的电压等于两点电位之差 $U_{ab}=U_a-U_b$ 电位的单位同电压	正值：表示该点电位高于参考点，正值越大，电位越高。负值：表示该电位低于参考点，负值越大，电位越低

4. 电动势

电源是把其他形式的能量转化成电势能的一种装置，它能克服静电力做功，迫使正电荷从低电势处经电源内部移向高电势处，电源的作用就好像水泵的作用，水泵可以使水由水位低处经水泵移动到水位高处。

每一电源都有正、负两极（电势高的为正极），通常把电源内部正、负两极之间的电路称为内电路。正电荷由正极流出，经过外电路流入负极，然后，正电荷再靠非静电力从负极经内电路流到正极，内、外电路构成闭合电路。在电源作用下，电荷在闭合电路中往复循环流动，形成恒稳电流。

实验证明，在结构一定的电源内部，当恒稳电流通过时，其他形式的能量转变为电能的量正比于所迁移的电量；不同的电源，当一定量的电荷从电源内部通过时，其他形式的能转变为电能的多少是不同的。这表明，在不同的电源内部，非静电力移送单位电量所做的功是不同的。为了表明电源非静电力做功本领的大小，以便比较各种不同的电源，我们引入电源电动势这个概念。

电源电动势是电源中非静电力做功能力大小的标志，它在数值上等于电源内部非静电力移送单位正电荷从负极到正极所做的功。电源电动势的大小只取决于电源本身的结构和所处状态，而与外电路无关。从电动势定义知，它的单位与电压单位相同，也是焦耳/库仑（伏特）。电动势是电源特有的物理量，其值始终是正的。为便于应用，常给电动势规定一个方向：从电源的负极指向正极。

为便于理解和记忆，现将电动势小结如下，如表 1-4 所示。

表 1-4　　　　　　　　　　　　电动势小结

电动势			
定义	符号数学定义	单位名称及换算关系	实际方向
电动势是衡量电源力做功能力的物理量，它在数值上等于电源中的局外力将单位正电荷从电源负极 b 点移到电源正极 a 点所做的功与电荷量之比	根据定义，电源正极 a 与负极 b 之间的电动势为：直流电动势用 E_{ab} 表示，交流电动势用 e_{ab} 表示	同电压	电源内部由低电位指向高电位，即电位升高的方向，与电源端电压的方向相反

重点提示：电动势是表示非静电力把单位正电荷从负极经电源内部移到正极所做的功，一般而言，电源的电动势越大，将其他能量转化为电能的能力越强。而电压（电势差）则表示静电力把单位正电荷从电场中的某一点移到另一点所做的功，它们是完全不同的两个概念。电动势与电压二者最明显的联系是单位相同，此外，对于一般的电源，在没有接入电路中时，其内电路的电压在数值上与电动势相同。

5. 电功

水流可以做功，例如水流可以推动水轮机做功，电流也可以做功吗？当然可以，例如，电风扇通电后，风扇电机转动起来，说明在电流通过电动机做功的过程中，电能转化为机械能。电流不仅通过电动机时做功，通过电灯、电炉等电器时都要做功，电流通过电炉时发热，电能转化为热能；电流通过电灯时，灯丝灼热发光，电能转化为光能。

电流做功的过程，实际就是电能转化为其他形式能量的过程。电流做了多少功，就有多少电能转化为其他形式的能量。

电流做功的多少跟什么因素有关系呢？研究表明：电流所做的功跟电压、电流和通电时间成正比。电流所做的功叫作电功，如果电压 U 的单位用伏特，电流 I 的单位用安培，时间 t 的单位用秒，电功 W 的单位用焦耳，那么计算电功的公式是：

$$W=UIt（适用条件：I、U 不随时间变化）$$

这就是说，电流在某段电路上所做的功，等于这段电路两端的电压、电路中的电流和通过时间的乘积。

通过手电筒灯泡的电流，每秒做的功大约是 1J；通过普通电灯的电流，每秒做的功一般是几十焦；通过洗衣机中电动机的电流，每秒钟做的功是 200J 左右。

重点提示：焦耳这个单位很小，用起来不方便，生活中常用"度"作电功的单位。"度"在技术中叫作"千瓦时"，符号是"kW·h"。是指用电设备功率为 1 千瓦，运转 1 小时所耗用的电能，即为 1 千瓦小时或 1 度电的用电量。比如，一只 25 瓦的电灯用 1 个小时，其耗电为 0.025 度，使用 40 小时才耗电 1 千瓦小时或 1 度。同样，对发电设备来说，其发电量也用千瓦小时来表示，即发电设备功率为 1 千瓦，运转 1 小时所发出的电能称为 1 千瓦小时或 1 度电的发电量。度和焦耳的换算关系如下：

$$1 度 =3.6×10^6 焦，即 1kW·h=3.6×10^6J$$

6. 电能表

电功通常用电能表，俗称电度表来测定，图 1-16 所示是普通电能表的实物图。把电能表接在电路中，电能表的计数上前后两次读数之差，就是这段时间内用的度数，例如，家中电能表在月初的读数是 180.4 度，月底的读数是 202.6 度，这个月家用电就是 22.2 度。

普通电能表的表盘上，会标出电能表的一些参数，主要包括以下几个。

（1）电压参数：表示适用电源的电压。我国低压工作电路的单

图1-16　普通电能表

相电压是 220V，三相电压是 380V。标定 220V 的电能表适用于单相普通照明电路。标定 380V 的电能表适用于使用三相电源的工农业生产电路。

（2）电流参数：一般电流表的电流参数有两个。如 30（100）A，一个是反映测量精度和启动电流指标的标定工作电流 I_b（30A），另一个是表示在满足测量标准要求情况下允许通过的最大电流 I_{max}（100A）。如果电路中的电流超过允许通过的最大电流 I_{max}，电能表会计数不准，甚至会损坏。

（3）电源频率：表示适用电源的频率。电源的频率表示交流电流的方向在 1s 内改变的次数。我国交流电的频率规定为 50Hz。

（4）耗电计量参数：不同的电能表，表达方式不同。转盘式感应系电能表标的计量参数是 xxx r/kW·h，其含义是用电器每消耗 1kW·h 的电能，电能表的铝转盘要转过 xxx 转。2000r/kW·h 就是使用 1kW·h（1 度）电能会转 2000 圈。

图 1-17 所示是电能表与外电路的连接示意图。

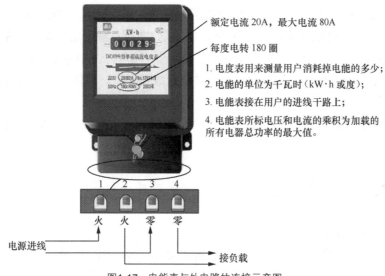

额定电流 20A，最大电流 80A

每度电转 180 圈

1. 电度表用来测量用户消耗掉电能的多少；
2. 电能的单位为千瓦时（kW·h 或度）；
3. 电能表接在用户的进线干路上；
4. 电能表所标电压和电流的乘积为加载的所有电器总功率的最大值。

火　火　零　零

电源进线　　　　　　　　接负载

图1-17　电能表与外电路的连接示意图

另外，应用较多的还有电子式电能表，如图 1-18 所示。

电子式电能表的计量参数标注的是 xxx imp/kW·h，表示用电器每消耗 1kW·h 的电能，电能表脉冲计数产生 xxx 个脉冲。3200ipm/kW·h 就是使用 1kW·h 电能会产生 3200 个脉冲。

目前，国内电力主要由火电、水电、核电等发电厂提供，其中火电约占 73%，水电约占 17%，核电仅占 4%。

7. 电功率

（1）电功率的定义

在相同的时间内，电流通过不同用电器所做的功一般并不相同。例如，在相同的时间内，电流通过电力机车的电动机所做的

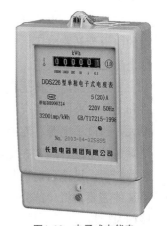

图1-18　电子式电能表

功，要显著地大于通过电扇的电动机所做的功，为了表示电流做功的快慢，引入了电功率的概念。

电流在单位时间内所做的功叫作电功率，电功率用 P 来表示，$P=W/t$，而 $W=UIt$，所以：

$$P=UI$$

上式表明，电功率等于电压与电流的乘积。

在上式中，若电压 U 的单位为伏特，电流 I 的单位为安培，则电功率 P 的单位为瓦特。

电功率的单位还有千瓦，1 千瓦=1000 瓦。

（2）额定值

为使电气设备安全、经济运行和保证一定的使用期限，生产部门要对产品的电压、电流、功率等值的使用范围做一定的限制，额定值就是制造厂对产品使用参数的规定。

额定值通常标注在设备的铭牌上（机壳上的一块小金属牌），所以额定值又叫铭牌数据，额定值一般用带下标 N 的符号表示：额定电压 U_N、额定电流 I_N、额定功率来 P_N。

如灯泡上标着"pZZ220-100"，表示额定电压是 220V，额定功率是 100W；使用时应将其接在 220V 电源上，此时灯泡消耗的功率是 100W。若将其接在 110V 电源上，灯泡就很暗；若接在 380V 电源上，灯泡就会强烈发光，甚至造成损坏。一般情况下应按铭牌数据的规定范围使用电器。

同样，我们在电烙铁上看到的铭牌数据"36V100W"或"220V60W"，也是指的额定电压和额定功率。

1.1.3 电路的三种状态

电路在使用时，可能出现的状态有三种。

一是通路，也称闭路。是指电路中的开关闭合后构成的闭合回路，电路中有电流流过。在通常情况下，电源产生的功率等于负载消耗的功率与电源内部消耗的功率之和，符合能量守恒定律。

二是断路，也称开路。是指开关或电路中某处断开，电路中无电流流过。此时，电源输出的电压为开路电压，其值等于电源的电动势，输出功率等于零，即电源不输出功率，此时称电源处于空载状态。

三是短路，也称捷路。是指电路中的某两点直接连通，使电流走捷径。短路分为电源短路和元件短路两种情况，其中电源短路是危险的事故情况，故又称事故短路。由于短路电流很大，超过了电源、连接导线的额定电流值，因而会引起电源或导线绝缘的损坏。为了迅速排除这种事故，通常在电源开关后面安装有熔断器（FU）。一旦发生短路，大电流即刻将熔断器烧断，迅速自动切断故障电路，使电源、导线得到保护。在电工、电子技术中，有时为了某种需要，将一部分电路或某元件两端用导线相连。为了区分事故短路，把这种人为的连接称为短接。

|1.2　电阻及电阻定律|

1.2.1　电阻的定义

电阻是一个为电流提供通路的电子器件,可以定义为每单位电流在导体上所引起的电压。电阻（R）=电压（U）/电流（I），即：

$$R=U/I$$

电阻没有极性（正、负极），这与电源不同，因此在电路中可以任意连接。

电阻元件的基本特征是消耗能量，其基本参量是电阻值，用字母 R 表示，单位是欧姆，简称欧，如果电阻两端的电压是 1 伏，通过的电流是 1 安，这段导体的电阻就是 1 欧，比较大的单位有千欧（kΩ）和兆欧（MΩ），它们的换算关系如下：

$$1kΩ = 1000Ω$$

$$1MΩ = 1000kΩ$$

电阻的电路符号为：

———⋀⋀⋀———　　或　　———▭———

手电筒的小灯泡，灯丝的电阻为几欧到十几欧。日常用的白炽灯，灯丝的电阻为几百欧到千欧。实验室用的约 1 米长的铜导线，电阻小于百分之几欧，通常可以略去不计。

1.2.2　电阻定律

导体的电阻是由它本身的性质决定的，金属导体的电阻由它本身的长度 L、横截面积 S、所用材料和温度决定。在温度一定时，金属导体的电阻跟它的长度 L 成正比，跟它的横截面积 S 成反比，用公式表示为：

$$R = \rho \frac{L}{S}$$

这就是电阻定律，式中的比例常量 ρ 跟导体的材料有关，是一个反映材料导电性能的物理量，称为材料的电阻率。横截面积和长度都相同的不同材料的导体，ρ 值越大，电阻越大。当 $L=1m$，$S=1m^2$ 时，ρ 的数值等于 R 值，可见，材料的电阻率在数值上等于这种材料制成的长为 1m、横截面积为 $1m^2$ 的导体的电阻。式中 R 的单位是 $Ω$，L 的单位是 m，S 的单位是 m^2，所以 ρ 的单位是 $Ω \cdot m$（欧姆米，简称欧米）。

几种导体材料在 20℃时的电阻率如表 1-5 所示。

表 1-5　　　　　　　　　　　　　　几种导体材料在 20℃时的电阻率

材料	$\rho/Ω \cdot m$
银	1.6×10^{-8}
铜	1.7×10^{-8}

材料	$\rho/\Omega \cdot m$
铝	2.9×10^{-8}
钨	5.3×10^{-8}
铁	1.0×10^{-7}
锰铜合金	4.4×10^{-7}
镍铜合金	5.0×10^{-7}
镍铬合金	1.0×10^{-6}

从表 1-5 可以看出，纯金属的电阻率小，合金的电阻率大。连接电路用的导线一般用电阻率小的铝或铜来制作，电炉、电阻器的电阻丝一般用电阻率大的合金来制作。

各种材料的电阻率都随温度而变化，金属的电阻率随温度的升高而增大，电阻温度计就是利用金属的电阻随温度变化而制成的。常用的电阻温度计是利用金属铂做的，已知铂丝的电阻随温度的变化情况，测出铂丝的电阻就可以知道温度。有些合金，如锰铜合金和镍铜合金的电阻率几乎不受温度变化的影响，常用来制作标准电阻。

电阻定律揭示了导体电阻的大小与导体的长度、截面积、材料间的关系，它指出了导体的电阻由导体自身的因素所决定，也提出了一种控制、制造电阻的方法。常用的滑动变阻器就是依靠改变导线的长度达到改变阻值的目的。电阻定律仅适用于温度一定、粗细均匀的金属导体或浓度均匀的电解液。

重点提示： 导体的电阻由式 $R=U/I$ 定义，也可以利用其测量，但并不是由 U 和 I 决定的，而是由电阻定律决定的，即导体本身的性质决定的。

1.2.3　可变电阻

除了阻值固定不变的电阻以外，还有一种类型的电阻，其阻值可以改变，称为可变电阻，或电位器。

电位器是一种可调电阻，对外有三个引出端，其中两个为固定端，一个为滑动端，也称中心轴头。两个固定端之间的电阻值最大，可以通过改变滑动端在电阻体上的位置改变固定端和滑动端之间的电阻值。

电位器在电路中的连接方式主要有两种，如图 1-19 所示。

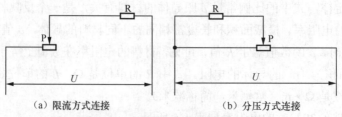

（a）限流方式连接　　　　　　　（b）分压方式连接
图1-19　电位器在电路中的连接方式

一种是限流方式连接。移动滑片 P 可以改变连入电路中的电阻值，从而可以控制负载 R 中的电流。使用前，滑片 P 应置于变阻器阻值最大的位置。

另一种是分压方式连接。移动沿片 P 可以改变加在负载 R 上的电压。使用前，滑片 P 应置于负载 R 的电压最小的位置。

1.2.4 电阻的串联与并联

串联电路的总电阻等于各个电阻之和，以图1-20（a）所示的3个串联电阻为例，则：

$$R=R_1+R_2+R_3$$

并联电路总电阻的倒数等于各个电阻倒数之和，以图1-20（b）所示的3个并联电阻为例，则：

$$\frac{1}{R}=\frac{1}{R_1}+\frac{1}{R_2}+\frac{1}{R_3}$$

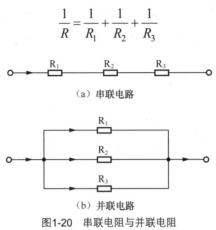

（a）串联电路

（b）并联电路

图1-20　串联电阻与并联电阻

|1.3 导体、绝缘体、半导体和超导体|

1.3.1 导体和绝缘体

有的物体容易导电，有的物体不容易导电，容易导电的物体叫作导体。金属、石墨、人体、大地以及酸、碱、盐的水溶液等都是导体。相应地，不容易导电的物体叫作绝缘体。橡胶、玻璃、陶瓷、塑料、油等都是绝缘体。电线的芯线是用金属来做的，因为金属是导体，容易导电。电线芯线外面包上一层橡胶或塑料，因为它们是绝缘体，能够防止漏电。

导体和绝缘体之间并没有绝对的界限。而且在一般情况下，不容易导电的物体当条件改变时就可能导电。例如，玻璃是相当好的绝缘体，但如果给玻璃加热，使它达到红炽状态，它就变成导体了。

1.3.2 半导体

导体和绝缘体之间没有绝对的界限，绝缘体并非绝对不导电，只是绝缘体的电阻率很大。在室温下，金属导体的电阻率一般约为 $10^{-8}\sim10^{-6}\Omega\cdot m$，绝缘体的电阻率一般约为 $10^{8}\sim10^{18}\Omega\cdot m$，长为1m、横截面积为$1\times10^{-4}m^2$的一段绝缘体，两端加以1V电压，通过的电流约为 $10^{-14}\sim10^{-4}A$，可见电流是多么微小了。

有些材料，它们的导电性能介于导体和绝缘体之间，而且电阻不随温度的增加而增加，反随温度的增加而减小，这种材料称为半导体，半导体的电阻率约为 $10^{-5}\sim10^{6}\Omega\cdot m$，锗、硅、砷化镓、锑化铟等都是半导体材料。半导体的导电性能可以由外界条件所控制，如改变半导体的温度、使半导体受到光照、在半导体中加入其他微量杂质等，都可以使半导体的导电性能成百万倍地发生变化。这种性能是导体和绝缘体所没有的，正因为半导体具备这种特性，人们用半导体制成了热敏电阻、光敏电阻、晶体管等各种电子元件，并且发展成为集成电路。把晶体管以及电阻、电容等元件同时制作在很小的一块半导体晶片上，并且把它们按照电子线路的要求连接起来，使之成为具有一定功能的电路，这就是集成电路。

1.3.3 超导体

金属的电阻率随温度的降低而减小。人们发现，有些物质当温度降低到绝对零度附近时，它们的电阻率会突然减小到无法测量的程度，可以认为它们的电阻率突然变为零，这种现象叫作超导现象，能够发生超导现象的物质称为超导体。材料由正常状态转变为超导状态的温度，叫作超导材料的转变温度 T_c。例如铅的转变温度 $T_c=7.0\text{K}$，水银的转变温度 $T_c=4.2\text{K}$，铝的转变温度 $T_c=1.2\text{K}$，镉的转变温度 $T_c=0.6\text{K}$。

超导体的电阻率几乎为零，如果用超导体材料制成一个闭合线圈，在这个线圈里一旦激发出电流，不需要电源，电流就可以持续几十天而不减小，并且发热功率很小。

在远距离输电中，在很长的输电线上白白地消耗掉大量的电能，如果使用超导输电线，将可避免电能的大量消耗。在大型的电磁铁和电机中，通过线圈的电流很强，损耗的电能很多，如果用超导材料做成线圈，损耗的功率大大降低，则可以制成强大功率的超导电磁铁和超导电机。各种电子器件如果能实现超导化，将会大大提高它们的性能，电子计算机实现超导化，将使个人计算机具有超级计算机的性能，超导体的应用具有十分诱人的前景。

超导材料的转变温度很低，要维持这样低的温度，在技术上是非常困难的。几十年来，科学家们积极进行高温超导的研究，我国的研究工作走在世界的前列，在 1989 年，我国科学家发现了转变温度 $T_c=130\text{K}$ 的超导材料。目前在世界范围内掀起了高温超导研究的热潮，期望得到在室温下就能工作的超导材料，以便使它能有广泛的实际应用。

|1.4 电荷和电场|

1.4.1 电荷间的相互作用

1. 库仑定律

自然界的电荷只有两种，即正电荷和负电荷。用绸子摩擦过的玻璃棒所带的电荷是正电荷，用毛皮摩擦过的硬橡胶棒所带的电荷是负电荷。电荷之间有相互作用，同种电荷互相排斥，异种电荷互相吸引。电荷间作用力的大小跟什么有关系呢？

法国物理学家库仑（1736～1806 年）用精确的实验研究了静止的点电荷间的相互作用力，于 1785 年发现了后来用他的名字命名的定律。

真正的点电荷是不存在的，但是，如果带电体间的距离比它们的大小大得多，以致带电体的形状和大小对相互作用力的影响可以忽略不计，这时的带电体就可以看成是点电荷，点电荷是一种理想化的模型。

库仑实验的结果是：在真空中两个点电荷间的作用力跟它们的电量的乘积成正比，跟它们间的距离的平方成反比，作用力的方向在它们的连线上，这就是库仑定律，电荷间的这种作用力叫作静电力，又叫作库仑力。

如果用 Q_1、Q_2 表示两个点电荷的电量，用 r 表示它们间的距离，用 F 表示它们间的静电力，库仑定律就可以写成下面的公式：

$$F = k\frac{Q_1 Q_2}{r^2}$$

式中 k 是比例常量，叫作静电力常量。

在国际单位制中，电量的单位就是我们在初中学过的库仑，简称库，符号是 C。如果上面公式中的物理量都用国际单位制的单位，即力的单位用牛，距离的单位用米，电量的单位用库，由实验得出 $k=9.0\times10^9 N \cdot m^2/C^2$。

2. 元电荷

我们知道，电子带有最小的负电荷，质子带有最小的正电荷，它们的电量的绝对值相等，一个电子的电量：

$$e= -1.60\times10^{-19}C$$

所有的实验还指出，任何带电的粒子，所带电量或者等于电子或质子的电量，或者是它们的电量的整数倍，因此，人们自然地把 1.60×10^{-19} 库叫作元电荷。科学家在研究原子、原子核以及基本粒子时，为了方便，常常用元电荷作为电量的单位。

3. 电荷守恒定律

在摩擦起电中，一个物体失去一些电子而带正电，同时另一个物体得到这些电子而带等量的负电。摩擦起电并不是创造了电荷，只是电荷从一个物体转移到另一个物体。大量事实说明：电荷既不能创造，也不能被消灭，它们只能从一个物体转移到另一个物体，或者从物体的一部分转移到另一部分。这个结论叫作电荷守恒定律。它是物理学中重要的基本定律之一。

4. 静电感应

如图 1-21 所示，把带正电荷的 C 球移近彼此接触的导体 A 和 B，可以看到 A、B 上的金属箔片都张开，这表明 A、B 都带上了电荷。如果先把 C 移走，A 和 B 上的金属箔片就会闭合。如果先把 A 和 B 分开，再移走 C，可以看到 A、B 上的金属箔片仍张开，接着让 A 和 B 接触，它们的金属箔片都闭合，这证明 A 和 B 分开后所带的是异种等量的电荷，重新接触后等量异种电荷发生中和。

把电荷移近不带电的导体，可以使导体带电的现象，叫作静电感应。利用静电感应使物体带电，叫作感应起电。感应起电没有创造电荷，而是使物体中的正负电荷分开，将电荷从物体的一部分转移到另一部分。

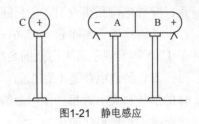

图1-21　静电感应

使物体带电有三种方法。

（1）接触带电：将不带电体与带电体接触，则不带电体带了电。接触带电的特点是带同性电荷，但所带电量不一定与带电体电量相等，如果导体完全相同，接触后各带一半电量（不同的导体接触，电量的分配应按各自电容量的大小分配）。

（2）摩擦带电：这种带电特点是相互摩擦的两物体分别带有等量异种电荷。

（3）静电感应带电：当不带电导体靠近带电体时，由于静电感应，在该导体两端产生等量异种电荷。

1.4.2　电场强度和电场线

1. 电场

两个电荷相互作用时并不直接接触，它们之间的相互作用是通过物质作媒介而发生的，这种物质就是电场。

只要有电荷存在，在电荷的周围就存在着电场。把一个电荷放入电场中，它就要受到力的作用，这种力叫作电场力。A、B 两个电荷相互作用时，A 电荷受到的 B 电荷的作用，实际上是 B 电荷的电场对 A 电荷的作用。同样，B 电荷受到的 A 电荷的作用，实际上是 A 电荷的电场对 B 电荷的作用。

2. 电场强度

放入电场中某一点的电荷受到的电场力跟它的电量的比值，叫作这一点的电场强度，简称场强，通常用 E 表示，即：

$$E = \frac{F}{q}$$

电场强度的单位是牛/库，符号是 N/C。电场中的某一点，如果 1 库的电荷在该点受到的电场力是 1 牛，这一点的电场强度就是 1 牛/库。

电场强度跟力一样，也是矢量。我们规定电场中某点的场强方向跟正电荷在该点所受电场力的方向相同。

3. 电场线

如果能够用图形把电场中各点场强的大小和方向形象地表示出来，对我们认识电场是很有好处的。英国物理学家法拉第（1791～1867 年）提出了用电场线来表示电场的方法，现在被普遍地采用。

在任何电场中，每一点的场强 E 都有一定的方向，所以我们可以在电场中画出一系列的从正电荷出发到负电荷终止的曲线，使曲线上每一点的切线方向都跟该点的场强方向一致，这些曲线就叫作电场线。应该注意，电场线并不是电场里实际存在的线，而是人们为了使电场形象化而假想的线。图 1-22（a）是点电荷的电场线，图 1-22（b）是两个等量的点电荷的电场线。从图中可以看出，在离产生电场的电荷较近的地方，也就是场强越大的地方，电场线越密。所以，用电场线来表示电场时，场强越大的地方电场线越密，场强越小的地方电场线越稀。

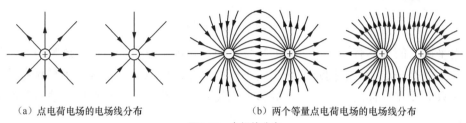

（a）点电荷电场的电场线分布　　　　　　（b）两个等量点电荷电场的电场线分布

图1-22　电场线分布

4. 均匀电场

在电场的某一区域里，如果各点场强大小和方向都相同，这个区域的电场就叫作匀强电场。两块靠近、正对且等大的平行金属板，分别带等量正负电荷时，它们之间的电场是匀强电场（边缘附近除外），电场线如图1-23 所示，从图中可以看出，均匀电场的电场线是互相平行的直线，且线间距离相等。

5. 电场的叠加

如果有几个点电荷同时存在，它们的电场就互相叠加，形成合电场。这时某点的场强等于各个点电荷在该点产生的场强的矢量和。

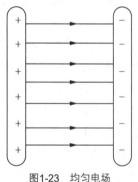

图1-23　均匀电场

1.4.3　电场中的导体

1. 静电平衡

把一个不带电的金属导体 ABCD 放到场强为 E_0 的电场中，导体内部的自由电子受到电场力的作用，将向电场的反方向做定向移动，如图 1-24（a）所示。这样，在金属的 AB 面上将出现负电荷，在 CD 面上将出现正电荷。导体两端出现的正负电荷在导体内部形成反方向的电场 E'，它的电力线用虚线表示，如图 1-24（b）所示。这个电场与外电场叠加，使导体内部的场强减小。但是，只要导体内部的场强不等于零，自由电子就继续移动，两端的正负电荷就继续增加，导体内部的电场就进一步削弱，直到导体内部各点的场强都等于零时为止。这时自由电子的定向移动停止，如图 1-24（c）所示。

导体中（包括表面）没有电荷定向移动的状态叫作静电平衡状态。处于静电平衡状态的导体，内部的场强处处为零。

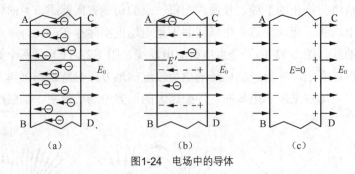

图1-24　电场中的导体

　　静电平衡下的导体有一个很重要的特性，即导体内部没有净电荷。这是因为，假如在导体内部某处有净电荷，它附近的场强就不可能为零。所以，处于静电平衡状态的带电导体，电荷只分布在导体的外表面上，导体内部没有净电荷。这一点可以用法拉第圆筒实验来验证。

2. 静电屏蔽

　　为了避免外界电场对仪器设备的影响，或者为了避免电器设备的电场对外界的影响，用一个空腔导体把外电场遮住，使其内部不受影响，也不使电器设备对外界产生影响，这就叫作静电屏蔽。

　　空腔导体不接地的屏蔽为外屏蔽，空腔导体接地的屏蔽为全屏蔽。空腔导体在外电场中处于静电平衡，其内部的场强总等于零。因此外电场不可能对其内部空间发生任何影响。

　　若空腔导体壳内存在带电体，如图1-25（a）所示，假设带电体带负电，由于静电感应，空腔壳内、外表面上将分别出现等量的正、负电荷，如果外壳不接地，此时，外表面感应电荷的电场将对外界产生影响，这时空腔导体只能对外电场屏蔽，却不能屏蔽内部带电体对外界的影响，所以叫外屏蔽。如果外壳接地，即使内部有带电体存在，如图1-25（b）所示，由于内部带电体的存在而在外表面产生的感应电荷将流入地下，这样，外界对壳内无法影响，内部带电体对外界的影响也随之消除，所以这种屏蔽叫作全屏蔽。

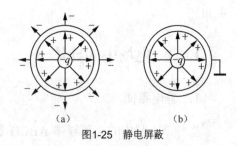

图1-25　静电屏蔽

　　为了防止外界信号的干扰，静电屏蔽被广泛地应用在科学技术工作中。例如电子仪器设备外面的金属罩，通讯电缆外面包的铅皮等，都是用来防止外界电场干扰的屏蔽措施。

3. 等电位高压带电作业

　　接触高压电是很危险的，要在不停电的情况下维护和检修高压线时，作业人员要全身穿戴金属丝网制成的衣、帽、手套和鞋子（称为金属均压服），用绝缘软梯、通过瓷瓶串逐渐进入强电场区。

　　当手与高压电线直接接触时，在手套与电线之间发生火花放电之后，人和高压线就等电位了，从而可以进行操作。均压服有以下作用：一是屏蔽和均压作用，均压服相当于一个空腔导体，对人体起到电屏蔽作用；二是分流作用，当作业人员经过不同区域时，要承受一个幅值较大的脉冲电流，由于均压服电阻很小，可使绝大多数电流流经均压服，这样就保证了作业人员的安全。

1.4.4　电势和电势差

1. 电势差

设电荷 q 在某一电场中由一点 A 移到另一点 B 时，电场力所做的功为 W_{AB}，在一般的电场中，由于电场强度 E 处处不同，电荷 q 在移动中所受的电场力 $F=qE$ 也处处不同。但是，电场力 F 处处与 q 成正比，因而 W_{AB} 与 q 成正比。不论电量 q 是多少，比值 W_{AB}/q 都相同，是一个跟电量 q 无关的量。可以证明，电场力所做的功跟电荷移动的路径无关。这就是说，比值 W_{AB}/q 只跟 A、B 两点的位置有关。

电荷在电场中由一点 A 移动到另一点 B 时，电场力所做的功 W_{AB} 与电荷电量 q 的比值 W_{AB}/q，叫作 A、B 两点间的电势差。用 U_{AB} 表示电势差，则有：

$$U_{AB}=\frac{W_{AB}}{q}$$

电场力所做的功可以是正值，也可以是负值。因此，两点间的电势差可以是正值，也可以是负值。电势差也叫电压，在电路中所指的两点间的电压就是这两点间的电势差。和电压一样，在国际单位制中，电势差的单位是伏特，即如果 1 库的正电荷在电场中由一点移到另一点，电场力所做的功为 1 焦，这两点间的电势差就是 1 伏。

2. 电势

我们通常说室内吊灯的高度为 2m，是选择室内地面作为参考平面，取参考平面的高度为零，把室内吊灯与室内地面的高度差作为吊灯的高度。类似地，如果在电场中选择某一参考点，也可以由电势差定义电场中各点的电势。

设 A、O 两点的电势差为 U_{AO}，如果选择电场中的 O 点作为参考点，取参考点的电势为零。我们定义 A 点的电势 U_A 为：

$$U_A=U_{AO}$$

这就是说，电场中某点的电势在数值上等于单位正电荷由该点移至参考点（零电势点）时电场力所做的功。电势在电路中也叫电位，电势的单位与电势差的单位相同，也是伏特。

例如，单位正电荷由 A 点移至参考点 O 时电场力所做的功为 5J，则 A 点的电势 $U_A=5$V，A 点的电势高于 O 点的电势。单位正电荷由 B 点移至参考点 O 时电场力所做的功为–3 焦，则 B 点的电势 $U_A=-3$V，B 点的电势低于 O 点的电势。

有了电势的概念，就可以由电势的差值表示电势差，即：

$$U_{AB}=U_A-U_B$$

电势是一个相对量，孤立地谈某点电势的高低和正负是没有意义的。参考点不同，各点的电势也不同，但参考点的变化，虽然影响各点的电势，却并不改变电场，不改变电场中两点的电势差，如同高度这类物理量一样，只有相对于确定的参考点，它才有确定的物理意义，选不同的参考点，高度值不同，但两点间的高度差是不变的，正因为不同的电势可以描述同一电场，所以电场中允许零电势点选择具有任意性。虽然零电势的选取是任意的，但在实际应用中，通常取无穷远处或大地的电势作为零参考点。

在电场中，我们可以根据电场线的方向判断电势的高低。沿着电场线的方向将单位正电荷由 A 点移至 B 点，电场力做正功，$U_{AB}>0$，即 $U_A>U_B$。这就是说，沿着电场线的方向，电势越来越低。

3. 等势面

在地图上，常用等高线来表示地形的高低。与此相似，在电场中常用等势面来表示电势的高低。电场中电势相同的各点构成的面叫作等势面。

在同一等势面上，任何两点间的电势差为零，所以在同一等势面上移动电荷时电场力不做功。

等势面一定跟电场线垂直，即跟场强的方向垂直。假如不是这样，场强就有一个沿着等势面的分量，在等势面上移动电荷时电场力就要做功，而这是不可能的。

沿着电场线的方向电势越来越低，所以电场线不但跟等势面垂直，而且总是由电势高的等势面指向电势低的等势面。

图 1-26 是几种常见的电场中的等势面。

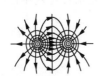

（a）等量异种点电荷的等势面

（b）等量同种点电荷的等势面

（c）点电荷电场的等势面是以点电荷为球心的一族球面

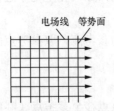

（e）匀强电场的等势面是垂直于电场线的一族平面

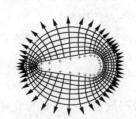

（f）带电导体周围的等势面和电场线

图1-26　几种常见电场的等势面

处于静电平衡状态的导体，内部的场强为零，在任意两点间移动电荷都不做功，所以任意两点间的电势差为零，整个导体是个等势体，导体表面是个等势面。

地球是个大导体，在静电平衡状态的地球以及跟它相连的导体都是等势体。实际中常取地球或跟地球相连的导体作为参考位置，认为它们的电势为零。

实际中测量电势比较容易，所以常用等势面来研究电场。先测绘出等势面的形状和分布，再根据电场线和等势面处处垂直这一特点，绘出电场线的形状和分布，就可以知道整个电场的分布。

4. 电势差跟电场强度的关系

图 1-27 表示某一匀强电场的等势面和电场线。设 A、B 间的距离为 d，电势差为 U，场强为 E。把正电荷 q 从 A 移到 B，电场力做的功 $W=Fd=qEd$，而 $W=qU$，可见：

$$U=Ed$$

这就是说，在匀强电场中，沿场强方向的两点间的电势差等于场强和这两点间距离的乘积。

把上式改写成：

$$E = \frac{U}{d}$$

这个等式说明，在匀强电场中，场强在数值上等于沿场强方向每单位距离上的电势差。由上式可以得到场强的另一个单位：伏特/米。

5. 尖端放电和避雷针

电荷在导体表面的分布与导体表面的曲率有关。导体表面突出和尖锐的地方（曲率较大），电荷分布得比较密集，导体表面附近的电场比较强；导体表面比较平坦的地方（曲率较小），电荷分布得比较稀疏，附近的电场比较弱。这一

图1-27　电势差跟电场强度的关系

点从图 1-26（f）可以大致分析得出，图中各相邻等势面间的电势差是相等的。导体左右两端的曲率较大，附近的等势面比较密集。中部比较平坦，附近的等势面比较稀疏。如果我们把电场的各个小区域看作匀强电场，从公式 $U=Ed$ 可知，等势面比较密集的地方，场强比较大，导体上电荷的分布也比较密集。

由于导体尖端上的电荷特别密集，因此，尖端附近的电场特别强，容易使空气中的气体分子发生电离，与尖端带同种电荷的离子受到排斥，远离尖端；与尖端带异种电荷的离子受到吸引，移向尖端，与尖端上的电荷中和。这相当于导体从尖端失去电荷，所以叫作尖端放电。尖端放电时，在它周围往往隐隐地笼罩着一层电晕，在黑暗中特别明显。高压输电的导线，表面要很光滑，半径不能过小（即曲率不能过大），以避免因放电而损失电能。高压设备的金属元件要做成光滑的球面，防止尖端放电，以保持高电压。

避雷针就是利用尖端放电的原理制成的。带电的云层接近地面时，由于静电感应，地面上的物体出现异种电荷，并且聚集在突出的物体上，如大树、烟囱、铁塔、高层建筑物等。感应出的电荷积累到一定程度，带电云层和这些物体之间会发生强烈的放电，这就是雷击。避雷针是一个金属的尖端导体，安在建筑物的顶端，用粗导线与埋在地下的金属板连接，以保持与大地接触良好，通过避雷针可以不断地放电，避免电荷的大量积累，从而达到避雷的目的。

1.4.5　静电的防止和应用

摩擦产生的静电在生产、生活上给人们带来很多麻烦，甚至造成危害。印刷厂里，纸页

之间的摩擦起电，会使纸页粘在一起，难于分开，给印刷带来麻烦。印染厂里，棉纱、毛线、人造纤维上的静电，会吸引空气中的尘埃，使印染质量下降。干干净净的人造纤维服装，穿不了多大功夫就会蒙上一层灰尘，也是由于静电吸引尘埃的缘故。

静电荷积累到一定程度，会产生火花放电，带来不幸。在地毯上行走的人，与地毯摩擦而带的电如果足够多，当他伸手去拉金属门把手时，手与金属把手间会产生火花放电，严重时会使人痉挛。在空气中飞行的飞机，与空气摩擦而带的电如果在着陆过程中没有导走，当地勤人员接近机身时，人与飞机间可能产生火花放电，严重时可能将人击倒。专门用来装汽油或柴油等液体燃料的卡车，在灌油、运输过程中，燃油与油罐摩擦、撞击而带电，如果没有及时导走，积累到一定程度，会产生电火花，引起爆炸。

防止静电危害的基本办法是尽快把产生的静电导走，避免越积越多，具体措施则多种多样。油罐车是靠一条拖在地上的铁链把静电导走；飞机机轮上通常都装有搭地线，也有用导电橡胶做机轮轮胎的，着陆时它们可将机身的静电导入地下；在地毯中夹杂 0.05～0.07 毫米的不锈钢丝导电纤维，消除静电的效果很好；在印染厂中保持适当的湿度，潮湿的空气可使静电荷很快消失。

静电也可以用来为我们服务，目前，静电的应用已有多种，但依据的物理原理几乎都是让带电的物质微粒在电场力作用下，奔向并吸附到电极上。以煤为燃料的工厂、电站，每天排出的烟带走大量的煤粉，不仅浪费燃料，而且造成严重的环境污染，可以利用静电除尘器消除烟气中的煤粉。此外，静电还广泛地应用于静电喷涂、静电植绒、静电复印等方面。

1.4.6　带电粒子在匀强电场中的运动

带电粒子在电场中要受到电场力的作用，产生加速度，加速度的大小和方向都可以发生变化。在现代科学实验和技术设备中，常常根据这个原理，利用电场来改变或控制带电粒子的运动。这种应用大致可以分成两种情况：一是利用电场使带电粒子加速；一是利用电场使带电粒子偏转。

1. 带电粒子的加速

在真空中有一对平行金属板，两板间加以电压 U。有一个带正电荷 q 的带电粒子，在电场力的作用下，由静止开始从正极板向负极板运动，到达负极板时的速度 v 有多大？根据力学和电学知识就可以解决这个问题。带电粒子由正极板移向负极板的过程中，电场力所做的功 $W=qU$，设 q 是在正极板处由静止开始运动，到达负极板时的动能为 $\frac{1}{2}mv^2$，根据动能定理得到：

$$qU=\frac{1}{2}mv^2$$

由此得到电荷 q 到达负极板的速度为：

$$v=\sqrt{\frac{2qU}{m}}$$

我们知道，两平行金属板间的电场是匀强电场，如果两极板不是平行金属板，而是其他形状，中间的电场将是非匀强电场。这时 $v=\sqrt{\dfrac{2qU}{m}}$ 式仍然成立，这是因为不论在什么电场中，电荷 q 通过电压 U 时，电场力对它做的功总等于 qU。

2. 带电粒子的偏转

要使以一定速度运动的带电粒子偏转，可以有两个办法：一是利用磁场，这将在以后讨论；二是利用电场，利用电场使带电粒子偏转，人们通常用跟带电粒子初速度方向垂直的匀强电场，这时带电粒子受到一个跟原来运动方向垂直的电场力，因而发生偏转。

|1.5　电容器|

1.5.1　电容器的定义

电容器是电气设备中的一种重要元件，在电子技术和电工技术中有很重要的应用。在两个平行金属板中间夹上一层绝缘物质（也叫电介质），就组成一个最简单的电容器，叫作平行板电容器，这两个金属板叫作电容器的两个极。

电容器可以容纳电荷，使电容器带电叫作充电。充电时，把电容器的一个极板与电池组的正极相连，另一个极板与电池组的负极相连，两个极板就分别带上了等量的异种电荷。电容器的一个极板上所带电量的绝对值，叫作电容器所带的电量，充了电的电容器的两极板之间有电场。

使充电后的电容器失去电荷叫作放电。用一根导线把电容器的两极接通，两极上的电荷互相中和，电容器就不再带电，两极之间不再存在电场。

电容器带电的时候，它的两极之间产生电势差。实验表明，对任何一个电容器来说，两极间的电势差都随所带电量的增加而增加，且电量与电势差成正比，它们的比值是一个恒量。不同的电容器，这个比值一般是不同的。可见，这个比值表征了电容器的特性。电容器所带的电量 Q 跟它的两极间的电势差 U 的比值，叫作电容器的电容。如果用 C 表示电容，则有：

$$C=\frac{Q}{U}$$

上式表明，电容在数值上等于使电容器两极间的电势差为 1 伏时，电容器需要带的电量，这个电量大，电容器的电容大。可见，电容是表示电容器容纳电荷本领的物理量。

在国际单位制里，电容的单位是法拉，简称法，国际符号是 F。一个电容器，如果带 1 库的电量时两极间的电势差是 1 伏，这个电容器的电容就是 1 法（F）。F 这个单位太大，实际上常用较小的单位：微法（μF）、纳法（nF）和皮法（pF）。它们之间的换算关系是：

$$1F=10^6\mu F=10^9 nF=10^{12}pF$$

1.5.2　电容器的分类

电容器的种类很多，从构造上看，常用的电容器可分为固定电容器和可变电容器两类。固定电容器的电容是固定不变的，常用的有非电解电容器和电解电容器。

非电解电容是没有极性的，也就是说可以在电路中任意连接而不必担心正负极性问题。电子电路中最常用的无极性电容有瓷片电容、云母电容等，其电容值的范围从几 pF 到 1μF（也可以找到具有较高容值的无极性电容，这种电容上标有 NP 字样，表示该电容无极性）。

电解电容是有极性的电容，在电路中必须按要求连接，其正和负端必须连接到电路中的指定位置。与非电解电容相比，电解电容体积较大，因此尽量避免使用电解电容，只有在需要较大的电容值时才使用。并且，电解电容不很稳定，其电容值会随着温度和其他参数的变化而发生微小改变，相对而言，非电解电容要稳定些。电解电容的容值一般在 1μF 到 4700μF 之间，价格也更贵一些。需要注意的是，如果将电解电容的极性连错，将发生炸裂现象。

可变电容器的电容是可以改变的，它由两组铝片组成，固定不动的一组铝片叫定片，可以转动的一组铝片叫动片。转动动片，两组铝片的正对面积发生变化，电容也随着改变。

图 1-28 是电路图中常用的几种电容器的符号。

（a）固定电容器　　（b）电解电容器　　（c）可变电容器

图1-28　电容器的符号

除电容器外，由于电路的分布特点而具有的电容叫作分布电容，例如线圈的相邻两匝之间、两个分立的元件之间、两根相邻的导线间、一个元件内部的各部分之间，都具有一定的电容，它对电路的影响等效于给电路并联上一个电容器，这个电容值就是分布电容，由于分布电容的数值一般不大，在低频交流电路中，分布电容的容抗很大，对电路的影响不大，因此在低频交流电路中，一般可以不考虑分布电容的影响，但对于高频交流电路，分布电容的影响就不能忽略不计了。

1.5.3　平行板电容器的电容

理论和实验都表明，平行板电容器的电容 C，跟介电常量 ε 成正比，跟正对面积 S 成正比，跟极板的距离 d 成反比。写成公式，有：

$$C = \frac{\varepsilon S}{4\pi k d}$$

上式中的 k 为静电力恒量。

一般说来，电容器的电容是由两个导体的大小和形状、两个导体的相对位置以及它们间的电介质决定的。

1.5.4　电容器的特性

电容器的特性很多，在分析不同的电路时要用到它不同的特性，只有熟练掌握电容器的主要特性，才能在电路分析过程中灵活运用这些特性去分析电路的工作原理，下面简要介绍电容器的几种常见特性。

1. 隔直特性

所谓隔直特性是指电容器不能让直流电流通过，下面以图 1-29 所示电路进行分析。

在开关未接通之前，电容 C 中没有电荷。在开关 S 接通后，直流电源 E 开始对电容 C 充电，此时电路中有电流流动，当充电一段时间后，电容 C 上、下极板上充有图示的电荷，即上极板为正电荷，下极板为负电荷。由于上、下极板之间是绝缘的，所以电容器 C 上、下极板上的正、负电荷不能复合，在电容器上、下极板上的电荷保留住了。

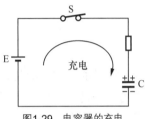

图1-29　电容器的充电

由于电容器极板上的电荷随着充电的进行，电荷愈来愈多，电容器两极板之间的电压愈来愈大。当充电到一定程度后，电容 C 两极板上的电压（上正下负的直流电压）等于直流电源电压 E，此时充电结束，由于充电结束后电路中没有电流，因此，电阻 R 两端的电压为 0V。

以下几点是值得注意的。

（1）当直流电源 E 对电容 C 充电时，若直流电源的极性不同，则在电容上充到的直流电压极性也不同。

（2）在直流电源 E 刚加到电容器 C 上时，电路中是有电流流动的，电容器充放电结束时，流过电容的电流为零，此时电容器相当于"开路"。电路的充电时间与电路电阻 R 和电容 C 的大小有关。

（3）充电完成后，电容器两端的直流电压大小等于直流电源 E 电压的大小，电阻 R 两端的直流电压为零。

2. 通交特性

所谓通交特性是指电容器可以让交流电流通过，下面以图 1-30 所示电路为例进行分析。

电路中，U_s 是交流电源，正、负半周幅度相等。当 U_s 为正半周时，U_s 经开关 S、电阻 R 对电容 C 充电，使 C 的上、下极板分别得到正电荷和负电荷。在这一充电过程中，流过电阻 R 的电流为顺时针方向。

在 U_s 为负半周时，U_s 经电容 C、电阻 R、开关 S 形成回路，对电容 C 反向充电，使 C 充有上负下正的电荷。流过电阻 R 的电流为逆时针方向。

从以上分析可知，在交流电源 U_s 正负半周，流过电阻 R 的电流方向是改变的，说明流过 R 的电流是交流电流，就是由交流电源 U_s 产生的交流电流。当 U_s 不断变化极性，对 C 的充电方向不断改变，C 上、下极板上的电荷不断复合、充电，这样电路中便一直有交流电流的流动，等效于 C 能够让交流电流通过，这就是电容器的通交流电的特性。

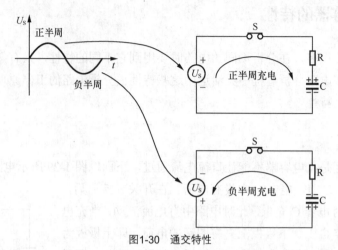

图1-30　通交特性

　　这里值得指出的是，电容器 C 两极板之间绝缘，交流电流是不能直接通过两极板形成回路的。只是由于交流电流的充电方向不断改变，使电路中有持续的交流电流流过，等效成 C 能够让交流电流通过。在电路分析中为了方便起见，将电容器看成一个能够"直接"通过交流电流的元件。

　　电容在直流电路中，由于直流电压是单方向的、不变的，对电容的充电方向始终不变。待电容器充满电荷之后，电路中便无电流的流动，所以认为电容具有隔直作用。

　　电容器的隔直和通交作用往往是联系起来的，即电容器具有隔直通交特性，例如，图 1-31 所示电路，电路中，输入信号 U_i 是一个含有直流电压分量的交流信号，由于电容 C 的隔直作用，输入信号 U_i 中的直流分量不能通过，因此，在输出端没有直流电压，同时，由于电容 C 具有通交的作用，输入信号 U_i 中的交流电压能够通过电容 C 和电阻 R 形成回路。在这一回路中产生交流电流，交流电流通过电阻 R 后在 R 两端的交流电压即为输出电压 U_0。所以，输出信号 U_0 中只有输入信号 U_i 中的交流信号成分，而没有直流成分。

3. 储能特性

　　理论上，电容器不消耗电能，所以电容器中充到的电荷会储存在电容器中，只要外电路不存在让电容器放电的条件，电荷就一直在电容器中，电容器的这一特性称为储能特性。但是，实际上电容器存在着各种能量损耗，它损耗电能，但比电阻器对电能的损耗要小得多。

4. 电容器两端电压不能突变

　　电容器两端电压不能突变的原理可用图 1-32 所示电路进行说明。

　　如图 1-32（a）所示电路中，在开关 S 未合上时，电容器 C 中无电荷，即电容器的电荷量 $Q=0$，由 $U=\dfrac{Q}{C}$ 可知，电容器两端的电压 $U_o=0V$。在开关 S 接通瞬间，由于对 C 的充电要有一个过程，即 C 中的电荷积累要有一个过程，故 S 合上瞬间，C 中仍然电荷为零，所以 C 两端的电压仍为 0V，可见，在 S 接通瞬间，电容 C 两端的电压不能突变。

　　在开关 S 接通瞬间，由于 C 两端电压为零，所以，电源电压 E 全部加在电阻 R 上，此时电路中的电流最大，然后，对电容 C 充电，C 中有电荷，C 两端有电压，其电压大小按图 1-32（b）

所示曲线上升。随着充电的进行，C 两端电压升高，在电阻 R 上的电压下降（R 上的电压等于 E 减去 C 上的电压），充电电流下降，使 C 中电荷增加量减小，所以 C 两端的电压增大量在减小。直到充电结束，电路中无电流，C 两端的电压等于 E。

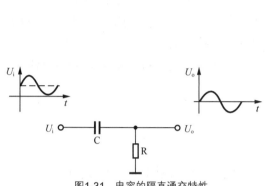

图1-31　电容的隔直通交特性

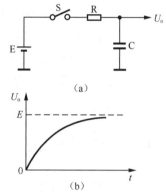

图1-32　电容器两端电压不能突变的原理

电容器两端的电压不能突变的原理对电路分析十分重要，例如，图 1-33（a）所示电路，在接通开关 S 前，C 两端的电压为 0V，在 S 合上瞬间，电容器 C 左端电压等于 E，由于电容器两端电压不能突变，所以，在 S 合上瞬间，电容器 C 的右端电压也为 E，即 C 两端的电压为 0V，R 两端电压为 E。随着充电的进行，C 两端的电压不断上升，R 两端电压不断下降，充电结束后，C 两端电压为 E，R 两端电压为 0V。电容器 C 充电电压曲线如图 1-33（b）所示，输出电压（电阻 R 两端的电压）曲线如图 1-33（c）所示。

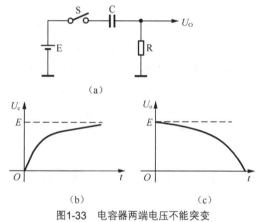

图1-33　电容器两端电压不能突变

上面讲的是对电容器充电的情况，在电容器开始放电的瞬间，电容器两端的电压也不能发生突变。因为只有电容器内部的电荷量发生改变时，电容器两端的电压才能发生改变，刚开始放时电容器内的电荷还来不及释放，所以电容器两端的电压不变。

上面讲的都是电容器原先内部没有电荷，若电容器原先内部已经有了电荷，电容器两端便有了一个电压，设为 U_1。当这一电容器刚开始充电或放电时，电容两端的电压不变，仍然为 U_1。

1.5.5　电容器的容抗

下面先简要介绍电容器的容抗概念，后面章节介绍交流电路时还要详细分析。

电容器能通过交流电，当交流信号的频率和电容器的容量不同时，电容器对交流电的阻碍作用——容抗不同。电容器的容抗大小由下列公式决定：

$$X_C = \frac{1}{2\pi f C}$$

式中 C 为电容器的电容，f 为交流电的频率，X_C 为容抗，单位为欧姆。

电容让交流电通过时，对交流电流存在着阻碍作用，容抗的大小与电容器本身的容量 C 大小和交流电的频率 f 有关。从上面的容抗公式中可以看出，容抗 X_C 与频率 f 成反比，即当电容器容量一定时，频率愈高容抗愈小，频率愈低容抗愈大；容抗 X_C 与容量 C 也成反比，即当频率一定时，容量愈大容抗愈小，容量愈小容抗愈大。

对于直流电，可看作 $f=0$ 的交流电，此时，电容器的容抗 $X_C \rightarrow \infty$，即对直流电流来说，电容器相当于断路。

1.5.6　电容器的连接

实际使用电容器时，有时会遇到电容器的电容不够或耐压能力不够，这就需要把几个电容器连接起来使用，连接的基本方法有串联和并联两种。

1. 电容器的串联

把几个电容器的极板首尾相接，连成一串，这就是电容器的串联。图 1-34 是三个电容器的串联。

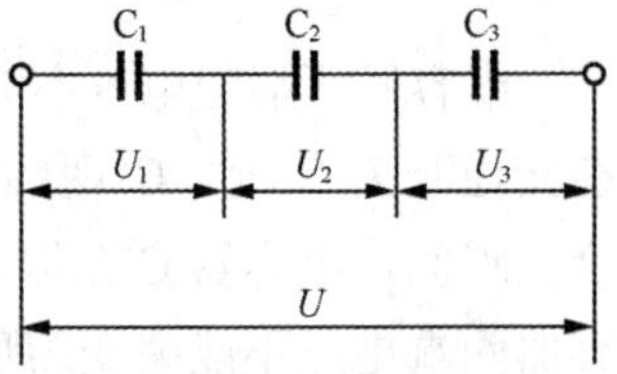

图1-34　三个电容的串联

接上电压为 U 的电源后，两端极分别带电$+Q$ 和$-Q$，由于静电感应，中间各极所带的电量也等于$+Q$ 或$-Q$，所以串联时每个电容器带的电量都是 Q。如果各个电容器的电容分别为 C_1、C_2、C_3，电压分别为 U_1、U_2、U_3，那么：

$$U_1 = \frac{Q}{C_1}, \; U_2 = \frac{Q}{C_2}, \; U_3 = \frac{Q}{C_3}$$

总电压 U 等于各个电容器上的电压之和，所以，

$$U = U_1 + U_2 + U_3 = Q\left(\frac{1}{C_1} + \frac{1}{C_2} + \frac{1}{C_3}\right)$$

设串联电容器的总电容为 C，则 $U = \dfrac{Q}{C}$，所以，

$$\frac{1}{C} = \frac{1}{C_1} + \frac{1}{C_2} + \frac{1}{C_3}$$

这就是说，串联电容器的总电容的倒数等于各个电容器的电容的倒数之和，电容器串联之后，相当于增大了两极的距离，因此总电容小于每个电容器的电容。

图 1-35 所示电路中，电容 C_1、C_2 构成串联分压式电路，根据容抗公式：

电容 C_1 的容抗 $X_{C_1} = \dfrac{1}{2\pi f C_1}$

电容 C_2 的容抗 $X_{C_2} = \dfrac{1}{2\pi f C_2}$

可得出以下结论。

（1）C_1、C_2 上的信号幅度之和等于输入信号幅度，即 $U_1+U_2=U_i$，这一点与电阻串联电路一样。

（2）容量大的电容上的电压降小，容量小的电容上的电压降则大。这是因为容量大的电容容抗小，相当于电阻小，而在电阻串联电路中，阻值小的电阻上的电压降小。

（3）在电容串联电路中，当某一个电容的容量远大于其他电容时，该电容相当于通路，此时电路中起决定性作用的是容量小的电容。

下面再介绍一下有极性电容串联电路。

有极性电容器（主要指电解电容器）的串联电路有两种：顺串联电路和逆串联电路，下面简要介绍。

（1）有极性电容器顺串联电路：如图 1-36 所示，电路中，C_1 和 C_2 均是有极性的电容器，C_1 的负极与 C_2 的正极相连，这种串联方式称为顺串联电路。有极性电容器顺串联之后，仍等效成一个有极性的电容器 C，其极性如图 1-36 所示，即 C_1 的正极为正极，C_2 的负极为负极。

图1-35　电容分压电路　　　　　　　图1-36　有极性电容器顺串联电路

在这种串联电路中，串联后等效电容器 C 的容量减小，总容量的倒数等于各电容的倒数之和。另外，这种串联电路可以提高电容器的耐压，即当 C_1 和 C_2 的容量和耐压均相等时，电容 C 的容量只有 C_1 和 C_2 的一半，但耐压比 C_1 或 C_2 大一倍。有极性电解电容器的顺串联电路主要是为了提高电容器的耐压。

（2）有极性电容器逆串联电路：如图 1-37 所示，这一串联电路有两种，一种是两个电容器的正极相连，如图 1-37（a）所示；另一种是两个电容器负极相连，如图 1-37（b）所示。

有极性电容器逆串联之后就没有极性，见右边的等效电路，C 为逆串联后的等效电容。这样串联后的电容可以作为无极性电容器来使用，在一些分频电路中就常用这种电路，不过这样的无极性电容器没有真正的无极性电解电容器好。

图 1-38 所示的是实用的有极性电解电容器逆串联电路。电路中，C_2 和 C_3 逆串联后作为分频电容，在一些低档次的音响设备中会碰到这种电路。作为分频电容应该是无极性的电容，因为分频电容工作在纯交流电路中，见 C_2、C_3 在电路中的位置，流过这两个电容的电流是很大的交流电流。由于交流电流的极性在不断改变，所以不能用有极性电容作为分频电容。在没有无极性的电解电容器时，可以用有极性的电解电容逆串联后代替。有极性电容器在电路中工作时，它的正极电压应该是始终高于负极电压，所以它不能用于纯交流电路中，这样分频电路中的电容器要用无极性电容器。综上所述，在电路中采用有极性电解电容器逆串联电路是为了获得无极性的电容。

2. 电容器的并联

把几个电容器的正极连在一起，负极也连在一起，这就是电容器的并联，如图 1-39 所示是三个电容器的并联。

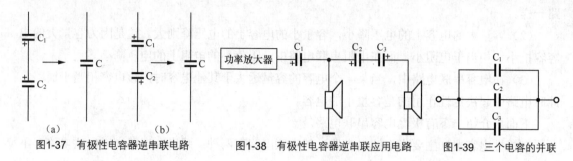

（a） （b）
图1-37 有极性电容器逆串联电路　　　图1-38 有极性电容器逆串联应用电路　　　图1-39 三个电容的并联

接上电压为 U 的电源后，每个电容器的电压都是 U。如果各个电容器的电容分别为 C_1、C_2、C_3，所带电量分别为 Q_1、Q_2、Q_3，那么：

$$Q_1=C_1U, \quad Q_2=C_2U, \quad Q_3=C_3U$$

电容器组贮存的总电量 Q 等于各个电容器所带电量之和，所以：

$$Q=Q_1+Q_2+Q_3=(C_1+C_2+C_3)U$$

设并联电容器的总电容为 C，则 $Q=CU$，所以：

$$C=C_1+C_2+C_3$$

这就是说，**并联电容器的总电容等于各个电容器的电容之和**。电容器并联之后，相当于增大了两极的面积，因此总电容大于每个电容器的电容。

电容器串联后，电容减小了，但耐压能力提高了，所以要承受较高的电压，可以把电容器串联起来；电容器并联后，电容增大了，耐压能力没有提高，所以在需要大电容时，可以把电容器并联起来。

电容并联电路具有以下特点。

（1）各支路中的电流之和等于总电流，在各支路中，容量大的支路中的电流大，反之则小。这是因为容量大容抗小，电流就大。

（2）并联电容的各电容上电压相等，这是并联电路的共性。

（3）在电容并联电路中，起决定性作用的是容量大的电容，因为容量大容抗小，由电阻并联电路可知，当一个电容的容抗远比另一个大时，该电容相当于开路而不起主要作用。

下面介绍一下常用电容并联电路。

电路中，两个电容器甚至更多个电容并联的情况很多，归纳起来主要有下列几种情况。

（1）一大一小电容并联。一个容量很大的电容（如电解电容器）与一个容量很小的电容（如瓷片电容器）并联，如图 1-40 所示。电路中，C_1 是一个大容量滤波电容，C_2 是一个小电容，为高频滤波电容，这种一大一小电容相并联的电路在电源电路十分常见。

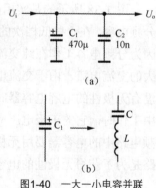

图1-40 一大一小电容并联

从理论上讲，在同一频率下，容量大的电容其容抗小，这样一大一小电容并联后，容量小的电容 C_2 不起作用。但由图1-40（b）电解电容器的等效电路可知，大容量的电容器除具有容量大外，由于其结构的原因还具有感抗特性，根据电感的有关特性可知，感抗与频率成正比。这样，大电容工作在高频状态下时，虽然纯电容容抗几乎为零，但感抗却很大，容抗与感抗串联。由串联电路可知此时总的阻抗仍然很大，且呈感抗的特性。这样，大电容在高频情况下阻抗反而大于低频时的阻抗。

为了补偿大电容的不足，再并一个小电容 C_2。由于小电容的容量小，在制造时可以克服电感特性，所以小电容几乎不存在电感。当电路的工作频率高时，虽然小电容的容量小，但由于工作频率高，小电容的容抗也已经很小，这样高频的干扰信号通过小电容 C_2 滤波到地。

在一大一小电容相并联的电路中，当电路的工作频率较低时，小电容 C_2 不工作（因小电容的容抗大而呈开路状态），此时主要是大电容 C_1 在工作。当工作频率高时，大电容 C_1 处于开路状态而不工作，小电容 C_2 的容抗远小于 C_1 的阻抗而处于工作状态，用于滤除各种高频干扰信号。这就是为什么在电源电路中大电容出现时，总是并联着一个小电容的原因。

（2）两个大电容并联电路。采用两只相同容量的大电容并联主要是出于下列几个目的。

一是提高电路工作的可靠性，有一个电容开路后，另一个电容仍然能够使电路工作，这样可降低电路的故障发生率。

二是为了减小电容器的体积。一个容量大一倍的电容其体积要大出许多，由于机器内部空间的限制只能装体积小的电容，但容量又不够，此时可用两个容量较小电容相并联。

三是为了减小电容器漏电流。一个容量大一倍的电容器其漏电流要大出许多，此时可用两个容量较小的电容并联，并联后的总漏电流比用一个大电容的漏电流要小。

四是为了加大容量，在采用一个大电容后的电路效果还不够理想时，再用一个大电容相并联。

（3）两个小电容并联电路。如图 1-41 所示是两个相等的小电容并联电路，在这种并联电路中，C_1 一般采用聚酯电容，属正温度系数电容，C_2 一般采用电聚丙烯电容，属负温度系数电容。

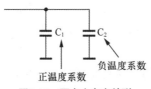

图1-41 两个小电容并联

正温度系数的电容的特性是，当温度升高时其容量增大，当温度下降时其容量减小。负温度系数的电容的特性是，当温度升高时其容量减小，当温度下降时其容量增大。因此，若电路要求电容的容量非常稳定时，可采用正、负温度系数的电容并联接法。这种接法的总电容不受温度影响，因为当工作温度升高时，C_1 的容量在增大，而 C_2 的容量则在减小，可见，两电容并联的总电容 $C=C_1+C_2$ 基本不变；同理，在温度降低时，一个电容的容量在减小而另一个在增大，总的容量也基本不变，达到稳定总电容的目的。

电容的接法还有许多，这里不再一一分析。

第2章
电路基本定律

本章首先介绍电工电路的基本定律，主要有欧姆定律、焦耳定律以及基尔霍夫电流和电压定律，然后分析电路计算的一些小技巧。这些内容是分析和计算电路的基础，也是电子产品设计与维修人员必备的基础知识。

|2.1 欧姆定律和焦耳定律|

2.1.1 部分电路欧姆定律

1. 部分电路欧姆定律定义式

导体中的电流，跟导体两端的电压成正比，跟导体的电阻成反比。这个结论是德国物理学家欧姆在 19 世纪经过大量实验得出的，叫作欧姆定律。

如果用 U 表示导体两端的电压，R 表示这段导体的电阻，I 表示这段导体中的电流，并且 U 的单位用伏，R 的单位用欧，I 的单位用安，那么，欧姆定律可以写成如下公式：

$$I=U/R$$

欧姆定律告诉我们：电路中的电流是怎样决定于电压和电阻的。它是关于电路的一条重要定律，在解决各种电路的实际问题中有广泛的应用。对于一段电路，只要知道电流、电压、电阻这三个物理量中的两个，就可以利用欧姆定律计算出第三个量。

如果分别用电压表和电流表测出电路中某一导体两端的电压和通过它的电流，就可以根据欧姆定律算出这个导体的电阻，这种用电压表和电流表测定电阻的方法叫作伏安法。

2. 几个公式的含义

公式 $I=U/R$ 是欧姆定律，公式 $U=IR$ 习惯上也称为欧姆定律。而公式 $R=U/I$ 是电阻的定义式，它表明了一种量度电阻的方法，绝不可以错误地认为"电阻跟电压成正比，跟电流成反比"，或认为"既然电阻是表示导体对电流的阻碍作用的物理量，那么导体中没有电流时导体就不存在电阻"。一定要明确公式的物理意义，不能不讲条件地说量与量之间的关系。

3. 导体的伏安特性

导体中电流 I 和电压 U 的关系可以用坐标图来表示，用纵轴表示电流 I，用横轴表示电压 U，画出的 I–U 图叫作导体的伏安特性曲线。在金属导体中，电流跟电压成正比，伏安特性曲线是通过坐标原点的直线，具有这种伏安特性的电学元件叫作线性元件，线性元件的伏安特性如图 2-1 所示。

4. 欧姆定律的适用范围

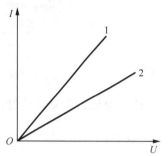

图2-1　线性元件的伏安特性

欧姆定律是在金属导体的基础上总结出来的，对其他导体是否适用，还需要经过实验的检验。实验表明，除金属外，欧姆定律对电解液也适用，但对气态导体（如日光灯管中的气体）和某些导电器件（如晶体管）并不适用。对欧姆定律不适用的导体和器件，电流和电压不成正比，伏安特性曲线不是直线，这种电学元件叫作非线性元件。

2.1.2　焦耳定律

1. 焦耳定律定义式

英国物理学家焦耳经过大量的实验，于 1840 年最先精确地确定了电流产生的热量跟电流、电阻和通电时间的关系：电流通过导体产生的热量跟电流的二次方成正比，跟导体的电阻成正比，跟通电时间成正比，这个规律叫作焦耳定律。

焦耳定律可以用下面的公式表示：

$$Q = I^2Rt$$

公式中，若电流 I 的单位为安培，电阻 R 的单位为欧姆，通用时间 t 的单位为秒，则热量 Q 的单位就是焦耳。

2. 电热的作用

电热器是用来加热的设备，电炉、电烙铁、电熨斗、电饭锅、电烤炉都是常见的电热器。电热器的主要组成部分是发热体，发热体是由电阻率大、熔点高的电阻丝绕在绝缘材料上做成的。电流通过电阻丝发出热量，供人们利用，电热器清洁卫生、没有环境污染、热效率高，有的还可以方便地控制和调节，这些都是电热器的优点。

电热也有消极的一面，要防止它造成危害。例如，在电动机里，电流所做的功主要用来做机械功，但电动机里的导线有电阻，也要产生热量，使导线的温度升高。温度超过绝缘材料的耐热温度，绝缘材料会迅速老化，甚至可能烧坏，这就需要考虑如何加快散热。有的电动机里装有风扇，电动机的外壳做成散热片的形状（如图 2-2 所示），都是为了加快散热。电脑 CPU 也要考虑散热，所以，CPU 外壳上都有散热窗和风扇（如图 2-3 所示）。

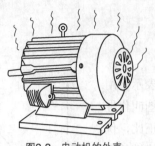

图2-2 电动机的外壳

图2-3 电脑CPU的散热窗

3. 电热、电功、电功率的关系

表 2-1 列出电热、电功、电功率各概念之间的区别与联系。

表 2-1   电热、电功、电功率的区别与联系

		电功 W	电热 Q	电功率 P
物理意义		电流通过电路时做的功，即在电场力的作用下电荷定向移动所做的功	电流通过导体电阻时所产生的热	表征电流做功快慢的物理量，即电流所做的功与做功所用时间之比
能量转化情况		消耗电能转化为其他形式的能（如内能、机械能、化学能）	消耗电能只转化为内能	
表达式	任何电路	$W=qU=IUt$	$Q=I^2Rt$ 焦耳定律	$P=\dfrac{W}{t}=IU$
	纯电阻电路	$W=IUt=I^2Rt=\dfrac{U^2}{R}t$		$P=IU=I^2R=\dfrac{U^2}{R}$

对于纯电阻电路，根据欧姆定律 $U=IR$，可得出 $Q=I^2Rt=I\cdot IRt=IUt=W$，可见，纯电阻电路中，电流做功完全转化为内能。对于非纯电阻电路，电能与其他形式能转化的关系非常关键。以电动机为例，设电动机两端电压为 U，通过电动机电流为 I，电动机线圈电阻为 R，则电流做功或电动机消耗的总电能为 $W=IU$，电动机线圈电阻生热 $Q=I^2Rt$，电动机还对外做功，把电能转化为机械能，即 $W'=W-Q=IUt-I^2Rt$（W' 是电动机输出的机械能）。

考虑每秒钟内能量转化关系，即功率，只要令上述各式中 $t=1\text{s}$，可得总功率 $P_总=IU$，电热功率 $P_热=I^2R_0$。如果输出功率为 $P_出$，则三者关系是 $P_总=P_热+P_出$。

根据以上分析，得出以下结论：在纯电阻电路中，电功等于电热，即 $W=Q$。对于非纯电阻电路，电功一定大于电热，从而为电路提供除内能之外的其他能量，电路中的能量关系为：$W=Q+W'$（W' 为其他形式的能量，如机械能、化学能等）。

2.1.3 闭合电路欧姆定律

1. 闭合电路欧姆定律定义式

把电源接入电路，闭合电路中就有了电流，闭合电路可以看作是由两部分组成的，一部分是电源外部的电路，叫作外电路。外电路的电阻通常称为外电阻，另一部分是电源内部的电路，叫作内电路。电流通过内电路时，例如通过发电机线圈的导线或通过电池内部的溶液时，要受到阻碍作用，所以内电路也有电阻。内电路的电阻通常称为电源的内阻，如图 2-4 所示。

闭合电路中有电流通过时，在外电路和内电路中，电源提供的电能转化为其他形式的能量，设电路中有电流通过时电源提供的电能为 W，外电路中消耗的电能为 W_1，内电路中消耗的电能为 W_2，则由能量守恒定律可知：

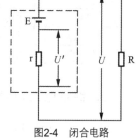

$$W=W_1+W_2$$

设电路中通过的电流为 I，由电动势的定义可知，电源提供的电能 $W=EIt$。设外电路为电阻电路，外电阻为 R，由焦耳定律可知，外电路中消耗的电能 $W_1=I^2Rt$。设内阻为 r，由焦耳定律可知，内电路中消耗的电能 $W_2=I^2rt$。代入上式可得：

图2-4 闭合电路

$$EIt=I^2Rt+I^2rt$$

消去 t，解出 I，可得：

$$I=\frac{E}{R+r}$$

上式表示，闭合电路中的电流跟电源的电动势成正比，跟内、外电路中的电阻之和成反比。这个结论通常叫作闭合电路的欧姆定律。

2. 电动势与电路中电压的关系

电路中有电流通过时，电路的各部分都有电压，现在我们来研究电源的电动势跟电路各部分电压的关系。

根据闭合电路欧姆定律 $I=\frac{E}{R+r}$ 可得：

$$E=IR+Ir$$

设外电路两端的电压为 U，内电路的电压为 U'，由闭合电路欧姆定律知：

$$U=IR$$
$$U'=Ir$$

因此，$E=IR+Ir$ 可以写成：

$$E=U+U'$$

外电路两端的电压通常称为外电压，外电压也叫路端电压，内电路的电压通常称为内电压。$E=U+U'$ 表示电源的电动势等于外电压和内电压之和。若不考虑电源内阻 r，则电源电动势在数值上与它的端电压相等，**但实际方向相反**。为便于读者对电动势和端电压有一个全面的认识，表 2-2 列出了它们之间的区别。

表 2-2　　　　　　　　　　　　　电动势和端电压对照表

	电动势 E	路端电压 U
物理意义	反映电源内部非静电力做功把其他形式的能量转化为电能的情况	反映电路中电场力做功把电能转化成为其他形式能量的情况
定义式	$E=\frac{W}{q}$ W 为电源的非静电力把正电荷从电源内由负极移到正极所做的功	$U=\frac{W}{q}$ W 为电场力把正电荷从电源外部从正极移到负极所做的功
量度式	$E=IR+Ir=U+U'$	$U=IR$

续表

	电动势 E	路端电压 U
测量	运用欧姆定律间接测量	用伏特表测量
决定因素	只与电源的性质有关	与电源和电路中的用电器有关
特殊情况	当电源开路时路端电压 U 值等于电源电动势 E	

3. 路端电压 U 随外电阻 R 变化的规律

电源的电动势和内电阻是由电源本身的性质决定的，不随外电路电阻的变化而变化，而电流、路端电压是随着外电路电阻的变化而变化的。

根据 $I=\dfrac{E}{R+r}$ 和 $U=E-Ir$ 可知：

路端电压 U 随外电阻 R 增大而增大，随外电阻 R 减小而减小。

当 $R\to\infty$（无穷大）时，$r/R\to0$，外电路可视为断路，$I\to0$，此时 $U=E$，即当外电路断开时，用电压表直接测量电源两极电压，数值等于电源的电动势。

当 R 减小为 0 时，电路可视为短路，$I=E/r$ 为短路电流，路端电压 $U=0$。可见，发生短路时，电流不但取决于电动势 E，还取决于电源的内电阻 r，而电源的内电阻 r 一般比较小，则短路时电流过大，不仅会烧坏电源，还会引起火灾。

电路的路端电压 U 与电流 I 的关系如图2-5所示。

4. 电源的输出功率 P 随外电阻 R 变化的规律

在纯电阻电路中，当用一个固定的电源（设 E、r 是定值）向变化的外电阻供电时，输出的功率 $P=IU=I^2R$，又因为 $I=\dfrac{E}{R+r}$，所以：

$$P=\left(\dfrac{E}{R+r}\right)^2 R=\dfrac{E^2 R}{R^2+2Rr+r^2}=\dfrac{E^2 R}{(R-r)^2+4Rr}$$

当 $R=r$ 时，电源有最大的输出功率 $P_m=E^2/4r$。

据此，可以画出输出功率 P 随外电阻 R 变化的曲线，如图2-6所示。

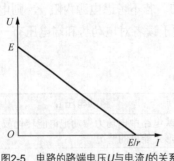

图2-5　电路的路端电压 U 与电流 I 的关系

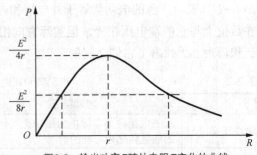

图2-6　输出功率 P 随外电阻 R 变化的曲线

可见，在纯电阻电路中，当用一个固定的电源（即 E、r 是定值）向变化的外电阻供电时，输出的功率有最大值，当输出功率最大时，电源的效率是否也最大呢？下面作简要分析。

在电路中电源的总功率为 IE，输出的功率为 IU，则电源的效率为：

$$\eta=IU/IE=U/E=R/（R+r）$$

当 R 变大，η 也变大，而当 $R=r$ 时，即输出功率最大时，电源的效率 $\eta=50\%$。由此说明，当输出功率最大时，电源效率不是最大。

|2.2 基尔霍夫电流和电压定律|

基尔霍夫电流定律应用于结点，基尔霍夫电压定律应用于回路，学习电子电工电路，一定要掌握和灵活运用此定律。

2.2.1 支路、结点、回路和网孔

在讨论基尔霍夫电流定律和电压定律之前，先介绍几个电路名词，有关电路如图 2-7 所示。电路中，U_1、U_2 为电压源。

1. 支路

电路中，含有电路元件的每个分支称为支路，一条支路中通过的电流为同一电流。在图 2-7 中，有三条支路，即 acb、adb 和 R_L 支路，在支路 acb、adb 中含有电源，这些支路称为有源支路，而电阻 R_L 支路中不含电源，称为无源支路。

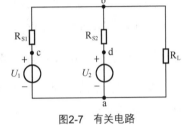

图2-7 有关电路

2. 结点

电路中，三条或三条以上支路的联结点称为结点，该电路中有两个结点 a 和 b，而 c、d 则不能被看作结点。

3. 回路

电路中，由几条支路组成的闭合电路称为回路，在图 2-7 中，共有三个回路，即 acbda、adbR_La、acbR_La。

4. 网孔

在回路内部，没有被支路分割，这样的回路称为独立回路，又称为网孔。在图 2-7 所示的电路中，acbda、adbR_La 回路都是网孔。

2.2.2 基尔霍夫电流定律（KCL）

1. 基尔霍夫电流定律表达式

基尔霍夫电流定律用于确定一个结点上各支路电流之间的关系，由于电流的连续性，在电路中任何点（包括结点在内）的截面上，均不能堆积电荷。因此，基尔霍夫电流定律内容

如下。

电路中任一瞬间，流出任一结点电流之和等于流入结点的电流之和，即：

$$\sum I_入 = \sum I_出$$

将上式改写成 $\sum I_入 - \sum I_出 = 0$，即：

$$\sum I = 0$$

就是在一瞬间，结点上电流代数和恒等于零。如果规定流入结点的电流为正，则流出结点的电流为负。

2. 应用 KCL 列方程式的步骤

（1）选定结点。

（2）标出各支路电流参考方向。

（3）针对结点应用 KCL 定律列方程。

（4）解 KCL 方程

例如，对于图 2-8 所示电路，选定节点 a，标出电流参考方向如图所示，根据基尔霍夫电流定律，则有 $I_G + I_B = I_L$ 或 $I_G + I_B - I_L = 0$。

3. 基尔霍夫电流定律的推广

基尔霍夫电流定律不仅适用于电路中任一结点，而且还适用于电路中任一闭合面，该闭合面称为广义结点。图 2-9 所示电路，封闭面包含的是一个三角形电路，它有 A、B、C 三点结点，应用基尔霍夫电流定律可列出：

$$I_A = I_{AB} - I_{CA}$$
$$I_B = I_{BC} - I_{AB}$$
$$I_C = I_{CA} - I_{BC}$$

将以上三式相加，可得：

$I_A + I_B + I_C = 0$，即：

$$\sum I = 0$$

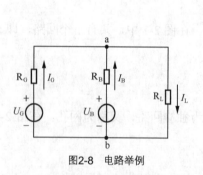

图2-8 电路举例

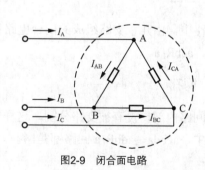

图2-9 闭合面电路

2.2.3 基尔霍夫电压定律（KVL）

1. 基尔霍夫电压定律表达式

基尔霍夫电压定律用于确定回路中各部分电压之间的关系，其内容如下：

在任一瞬间，对于电路中任一回路，按顺时针或逆时针绕行一周，各部分电压的代数和恒等于零，即：

$$\sum U = 0$$

2. 应用 KVL 列方程的步骤

（1）选定回路，标出回路绕行方向。

（2）标出各支路电流、电压源的参考方向。

（3）对回路应用 KVL 定律列方程。

在 KVL 方程式中，若规定电流参考方向与回路绕行方向一致取 "+" 号，则不一致时取 "−" 号。若规定电压或电动势上升取 "+" 号，则电压或电动势下降取 "−" 号。

例如：图 2-10 所示电路，选定了两个回路，并标出了回路的方向。

对于回路 1，根据基尔霍夫电压定律，可列出方程：

$$U_1 - R_1 I_1 - R_2 I_2 - U_2 = 0$$

在回路 1 中，规定电流与绕行方向一致取正，I_1 和 I_2 由于均与绕行方向一致，因此，取正号。

在回路 1 的绕行方向上，规定电压上升为正，U_1 电压上升，U_1 取正，而 U_2 电压下降，因此 U_2 取负。

对于回路 2，根据基尔霍夫电压定律，可列出方程：

$$U_2 - R_2 \times (-I_2) - R_3 I_3 = 0$$

在回路 2 中，电流 I_3 与绕行方向一致，因此，取正号，而电流 I_2 与绕行方向相反，因此，取负号。

在回路 2 的绕行方向上，U_2 电压上升，因此，U_2 取正。

3. 基尔霍夫电压定律的推广

基尔霍夫 KVL 定律可推广应用于任何一个开口电路。

对于图 2-11 所示的开口电路，求开口电压时，可按以下方法进行。

（1）标出开口电压 U_{ab} 的参考方向。

（2）假想 U_{ab} 与支路 ab 组成一个闭合电路，画出电路绕行方向，取电压上升为正，电压下降为负。

（3）利用 KVL 定律列方程。

$$U_s - I R_s - U_{ab} = 0$$

即 $U_{ab} = U_s - I R_s$

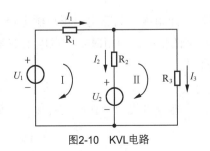

图2-10　KVL电路

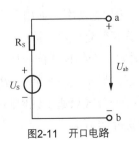

图2-11　开口电路

|2.3 电路中的计算技巧|

2.3.1 欧姆定律的应用技巧

欧姆定律 $I=U/R$ 把电流、电压、电阻三者统一起来，可用来解决串、并联电路中比较复杂的电学问题。

1. 串联电路中的分压作用

如图 2-12 所示，R_1 与 R_2 串联，根据欧姆定律：$I_1=U_1/R_1$、$I_2=U_2/R_2$，因为 $I_1=I_2$，所以 $U_1/R_2=U_1/U_2$，即串联电路中各电阻分得的电压与电阻阻值成正比，电阻越大分得的电压越大。

2. 并联电路中的分流作用

如图 2-13 所示，R_1 与 R_2 并联，根据欧姆定律 $I_1=U_1/R_1$、$I_2=U_2/R_2$，因为并联电路各支路两端的电压均相等：$U_1=U_2$，所以 $I_1R_1=I_2R_2$，即 $I_1/I_2=R_2/R_1$，即并联电路中各支路电流跟它们的电阻成反比，电阻越小，支路电流越大。

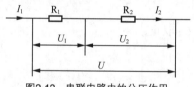

图2-12 串联电路中的分压作用

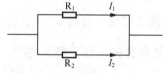

图2-13 并联电路中的分流作用

2.3.2 电功率的几个计算公式

电功率的这几个计算公式是：

第一，定义式：$P=W/t$。

$P=W/t$ 一般用于与电能表有关的题中，使用该公式时需注意，P、W、t 的单位可以是 W、J、s，也可以是 kW、kW·h（俗称"度"）、h，但是这两种单位不能在同一个式中混合使用。

第二，决定式：$P=UI$。

$P=UI$ 是电功率的通用公式，利用该公式还可以在已知用电器的额定电压与额定功率的情况下计算其额定电流。同时，该公式也是伏安法测功率的依据。使用时要注意电压 U 和电流 I 是相对同一个导体或同一段电路的同一时刻而言的。

第三，导出式：$P=I^2R$、$P=U^2/R$、$R=U^2/P$。

这三个公式只适于纯电阻电路（电能除了转化为内能以外没有其他能的转化，比如电饭煲、电熨斗等）。

串联电路中电流处处相等，故 $P=I^2R$ 常用于串联电路的相关计算中。

并联电路中各支路两端电压相等，故 $P=U^2/R$ 常用于并联电路的相关计算中。

纯电阻电路的铭牌上经常标有额定电压和额定功率如"220V，100W"，故 $R=U^2/P$ 常用于计算纯电阻电路的电阻。

需要注意的是，在非纯电阻用电器（比如电动机）的工作时，利用公式 $P=I^2R$ 计算出的热损功率，并不是电功机的总功率；$P=U^2/R$ 只能用在电热丝、电阻电路中，而不能在非纯电阻用电器（比如电动机）中使用。

例如，某全自动豆浆机，主要结构如图 2-14 所示，电路如图 2-15 所示，豆浆机铭牌如图 2-16 所示，表 2-3 是豆浆机正常工作，做一次豆浆的过程中电热管和电动机工作时间与对应的工作状态。

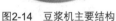

图2-14　豆浆机主要结构

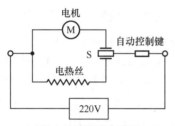

图2-15　豆浆机电路图

型号	SYL—624
额定电压	220V
额定频率	50Hz
电机功率	100W
加热功率	605W
容量	1000mL

图2-16　豆浆机铭牌

表 2-3　　做一次豆浆过程中，电热管和电动机工作时间与对应的工作状态

工作时间（min）	0～1	1～5	5～6	6～10
工作状态	粉碎打浆	加热	粉碎打浆	加热

请解决下列问题。

（1）豆浆机正常工作电热丝电阻是多少？

（2）豆浆机正常工作，做一次豆浆，电流做功多少焦？

（3）将家里的其他用电器都关闭，在豆浆机的电热丝工作时，标有"2000r/kW•h"字样的电能表转盘在 3min 内转了 50 转，请回答，电路的实际电压是多少？

解决此类问题的方法如下。

（1）由 $P=UI$，$I=U/R$ 可得，

$$电热丝电阻 R=U_额^2/P_额=（220V）^2/605W=80\Omega$$

（2）豆浆机正常工作一次电动机工作时间 $t_1=2min$，电热管工作时间 $t_2=8min$，

根据 $P=W/t$

可得，

$$W_1=P_1t_1=100W\times120s=1.2\times10^4J$$

$$W_2=P_2t_2=605W\times480s=2.904\times10^5J$$

豆浆机正常工作做一次豆浆，电流做功，

$$W=P_1t_1+P_2t_2=3.024\times10^5J$$

（3）豆浆机 3min 内消耗的电能，

$$W=50r/（2000r/kW \cdot h）=0.025 \, kW \cdot h$$

电热丝的实际功率，

$$P_{实}=W/t=0.025 \, kW \cdot h/3min=0.025 \, kW \cdot h/0.05h=500W$$

由于 $P=U^2/R$，

所以，电路实际电压，

$$U_{实}=\sqrt{P_1 R}$$
$$=\sqrt{500W \times 80\Omega}$$
$$=200V$$

2.3.3 设定电路的参考电位

在电路分析中，特别是分析晶体管工作状态时，通常使用电位的概念来讨论问题。为了求得电路中各点的电位值，必须在电路中选择一个参考点，而且规定参考点的电位为零，这个参考点常称为零电位点。原则上零电位点是可以任意指定的，在实际工程中，我们常常指定大地为零电位参考点。这是因为设备的机壳大都是与地面相连接的。但是，在许多电子仪器设备中，它们的外壳一般是不与大地连接的。为了分析方便，我们把电路中很多元件汇集在一起的一个公共点假设为参考点，参考点在电路中一般标上"接地"符号。

电路中的参考点选定以后，电路中某点的电位就等于该点与参考点之间的电压，这样电路中各点电位就有了一个确定数值，高于参考点的电位为正，低于参考点的电位为负。电路中各点的电位一旦确定以后，我们就可以求得任意两点之间的电压。

例 1：图 2-17 所示电路中，b 点为参考点，求 a、c、d 三点的电位。

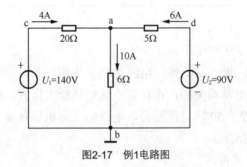

图2-17　例1电路图

解：根据电路图可知，$U_b=0$

$$U_a=U_{ab}=6 \times 10=60V$$

$$U_c=U_{cb}=140V$$

$$U_d=U_{db}=90V$$

从上面结果可以看出，电路中某一点的电位等于该点与参考点（电位为 0）之间的电压值。需要说明的是，参考点选择不同，电路中各点的电位随着改变；但是，任意两点之间的电压是不变的。所以，各点电位的高低是相对的，而电压值是绝对的。

上面也可简化为如图 2-18 所示的电路，不画电源，各端标以电位值。

例 2：计算图 2-19 所示电路中 b 点的电位。

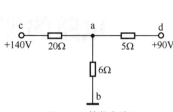

图2-18　简化电路图

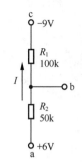

图2-19　例2电路图

解：电路中的电流为：

$$I = \frac{U_a - U_c}{R_1 + R_2} = \frac{6 - (-9)}{100 + 50} = 0.1\text{mA}$$

因为 $U_{ab} = U_a - U_b = IR_2$

所以，$U_b = U_b - IR_2 = 6 - 0.1 \times 50 = 1\text{V}$

第3章
电路的等效变换

本章主要讲解电路的等效变换，等效是电路分析中一种很重要的思维方法。根据电路等效的概念，可将一个结构较复杂的电路变换成结构简单的电路，使电路的分析简化。了解和掌握这些内容对分析复杂电路具有重要指导作用。

|3.1 电阻电路的等效变换方法|

电阻电路的联结主要有串联、并联和混联。对于串联和并联，可用电阻的串并联公式进行化简和计算。在实际电路中，比较难处理的是电阻的混联电路，如果不能画出电阻电路的等效电路图，就难以求出等效电阻。为此，下面介绍等效变换方法，可以快速解决等效电阻电路。

3.1.1 根据等势点画等效电路图

根据等势点画等效电路图的方法如下。

1. 标出等势点。依次找出各个等势点，并从高电势点到低电势点顺次标清各等势点字母。

2. 结合等势点画草图。即把几个电势相同的等势点拉到一起，合为一点，然后假想提起该点"抖动"一下，以理顺从该点向下一个节点电流方向相同的电阻，这样逐点依次画出草图。画图时要注意标出在每个等势点处电流"兵分几路"及与下一个节点的联接关系。

3. 整理电路图。要注意等势点、电阻序号与原图一一对应，整理后的等效电路图力求规范，以便计算。

下面举一示例说明，图 3-1 所示电路中，$R_1=R_2=R_3=3\Omega$，$R_4=R_5=R_6=6\Omega$，求 E、F 两点间的电阻。

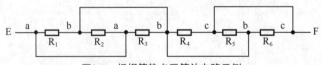

图3-1 根据等势点画等效电路示例

这是一种典型的混联电路，虽然看上去对称、简单，但直接看是很难认识各个电阻间的联接关系的，因此必须画出等效电路图。

在原电路图上标了等势点 a、b、c。

结合等势点画等效电路图，从高电势点 E 点开始，先把两个 a 点捏合到一起，理顺电阻，标出电流在 a 点的去向，即分别经 R_1、R_2、R_3 流向 b 点；再捏合三个 b 点，理顺电阻，标出电流在 b 点的去向，即分别经 R_4、R_5、R_6 流向 c 点；最后捏合 c 点，电流流至 F 点。如图 3-2 所示。

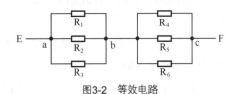

图3-2 等效电路

从等效电路图可以清楚地看出，原电路中 R_1、R_2、R_3 并联，R_4、R_5、R_6 并联，然后二者再串联，很容易计算出 E、F 两点间的电阻 $R=3\Omega$。

3.1.2 对称电路的等效电阻求法

对称电路是指在电路结构上，以某一直线为对称轴上下对称或左右对称，所谓对称是指不仅形式相同，而且电阻值也相同。对称电路具有以下特点：一是对称结点的电位相等；二是对称支路上的电流分布相同。

根据对称电路的特点，求对称电路的等效电阻时可按以下方法进行。

1. 折叠法

以电路的对称轴为折叠线，将电路的上（右）半部分折过来，与下（左）半部分重叠，使对应的结点重合，电路可简化一半。

下面举一示例说明：图 3-3 所示的电路中，各电阻均为 3Ω，求 AB 端的输入电阻。

从电路图中可以看出，本电路图以 AOB 为对称轴上下对称，显然，结点 C 与 D、结点 E 与 F 为同电位点。

将电路图的下半部分以 AOB 为折叠线，折到上面，使结点 C 与 D、E 与 F 重合，如图 3-4 所示。

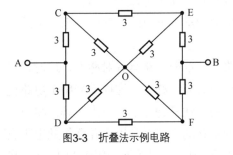

图3-3 折叠法示例电路

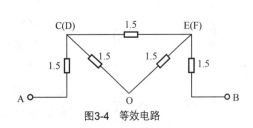

图3-4 等效电路

由于各支路均为两个电阻并联，故可用阻值为 1.5Ω 的电阻代换它们。由此可得到 AB 间的输入电阻为：

$$R_{AB}=1.5+1.5//(1.5+1.5)+1.5（式中的 "//" 号表示并联）$$

即 $R_{AB}=4\Omega$

2. 短路法

相同电位的两结点之间的电位差为零，从电位角度来看，可以将两结点支路视为短路，故可用短路线将两结点联结起来，电路便减少一个结点。

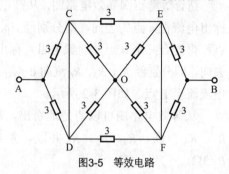

图3-5　等效电路

下面举一示例说明：电路图如上例图 3-3 所示，求 AB 间的输入电阻。

由电路的对称性可知，结点 C 与 D、E 与 F 为同电位结点，用短路线将 CD、EF 短路，这样并不改变电路各结点的电位和各支路电流分布，如图 3-5 所示。

从等效电路图中可以看出，支路 AC 与 AD、CO 与 DO、OE 与 OF、EB 与 FB 都为并联关系，经改画后，等效为如图 3-6 所示电路。

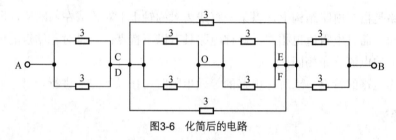

图3-6　化简后的电路

从图中不难看出各电阻之间的串并联关系，因此 $R_{AB}=4\Omega$。

3. 断开法

位于对称轴上的结点具有特殊的性质，可以将联结该结点的对称支路与其断开。因此，这种计算电阻的方法称为断开法。

下面举一示例说明：电路图如上例图 3-3 所示，求 AB 间的输入电阻。

解：在对称轴的结点 O 处，把支路 COE、DOF 断开，如图 3-7 所示。点 O'、O"为对称点，即为同电位点，这样做并不改变电路各结点电位和各支路上电流的分布。

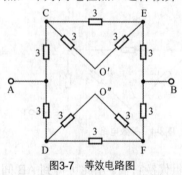

图3-7　等效电路图

从图中可以清楚地看出各电阻的串并联关系，因此，$R_{AB}=4\Omega$。

当遇到某些电路，其部分电路具有对称性，这时，就需要设法使另一部分也具有对称性，这样一来整个电路便完全对称，就可以利用上述三种方法之一来求解。将不对称的电路变为对称的电路的方法是利用串并联等效电阻变换，如一个阻值为 R 的电阻，可以用两个阻值为 $1/2R$ 的串联电阻来代替它，也可以用两个阻值为 $2R$ 的并联电阻来代替它。

需要说明的是，电位相等的两个结点，从电流角度来看，两结点支路上的电流为零，故可以将该支路视为开路。

3.1.3   外加电源法求等效电阻

不含电源的电阻电路又称无源二端网络，求无源二端网络的输入电阻时，可在图 3-8 所示的电路中的 AB 端施加电压为 V 的直流电压，根据基尔霍夫电流和电压定律，列出方程，求出电流 I，则 AB 间的输入电阻为：

$$R_{AB}=\frac{V}{I}$$

V 的数值原则上是任意选取的，为了计算方便，最好选整数，数值不要太大或太小。

下面举一示例说明： 如图 3-9 所示电路，求 AB 间的输入电阻。

在 AB 端施加电压为 10V 的直流电源，设各支路的电流分别为 I_1、I_2、I_3、I_4。如图 3-10 所示。

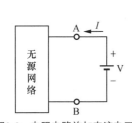

图3-8   电阻电路施加直流电压

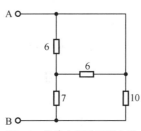

图3-9   外加电源法示例电路

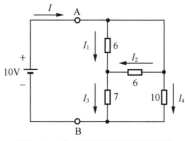

图3-10   施加直流电压后的电路图

根据电路结构和基尔霍夫电流定律（KCL）可得：

$$I_1=I_2$$
$$I_3=I_1+I_2$$
$$I=I_1+I_2+I_4$$

根据电路结构和基尔霍夫电压定律（KVL）可得：

$$V=6I_1+7I_3$$
$$=6I_1+7（I_1+I_2）$$
$$=6I_1+14I_1$$
$$=20I_1$$

即 $10=20I_1$，所以：

$$I_1=10/20=0.5A$$
$$I_4=10/10=1A$$
$$I=I_1+I_2+I_4=0.5+0.5+1=2A$$

因此，AB 间的输入电阻为：

$$R_{AB}=\frac{V}{I}=10/2=5（\Omega）$$

3.1.4　电阻△形联结和Y形联结等效变换

1.　△形联结和Y形联结

将三个电阻 R_{ab}、R_{bc}、R_{ca} 按图 3-11（a）（b）所示那样联结成三角形或 π 形，称为△形（三角形）联结或 π 形联结。R_{ab}、R_{bc}、R_{ca} 称为△形联结的三个臂。

将三个电阻 R_{ab}、R_{bc}、R_{ca} 按图 3-11（c）（d）所示那样联结成星形，称为Y形（星形）联结或 T 形联结。R_{ab}、R_{bc}、R_{ca} 称为Y形联结的三个臂。

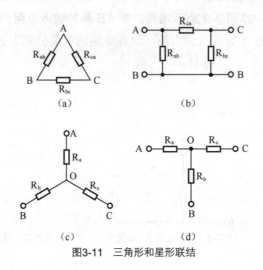

图3-11　三角形和星形联结

2.　电阻△形联结和Y形联结的等效变换

在有些电路中，△形联接或Y形联接的电路不能直接用电阻串并联的形式化简。但是，若能将△形电路转换成等值的Y形电路，如图 3-12（a）中的虚线电路，或将Y形电路转换为等值的△形电路，如图 3-12（b）中的虚线电路，就能利用电阻串并联的方法进行计算。因此，有必要研究两者之间的等值互换规律。

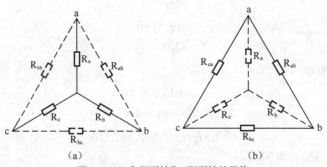

图3-12　三角形联结和Y形联结的互换

对外电路来讲，在各结点电流、电位保持不变的情况下，Y形联结和△形联结可以进行等效变换，其关系如下。

（1）△形联结变换为 Y 形联结公式

$$R_a = \frac{R_{ab} \cdot R_{ca}}{R_{ab} + R_{bc} + R_{ca}}$$

$$R_b = \frac{R_{ab} \cdot R_{bc}}{R_{ab} + R_{bc} + R_{ca}}$$

$$R_c = \frac{R_{ca} \cdot R_{bc}}{R_{ab} + R_{bc} + R_{ca}}$$

当 $R_{ab}=R_{bc}=R_{ca}=R$ 时，则 $R_a=R_b=R_c=\frac{1}{3}R$。

（2）Y 形联结变换为△形联结公式

$$R_{ab} = \frac{R_a R_{b+} R_b R_c + R_c R_a}{R_c}$$

$$R_{bc} = \frac{R_a R_{b+} R_b R_c + R_c R_a}{R_a}$$

$$R_{ca} = \frac{R_a R_{b+} R_a R_c + R_b R_c}{R_b}$$

当 $R_a=R_b=R_c=R$ 时，则 $R_{ab}=R_{bc}=R_{ca}=3R$。

下面举一示例说明：如图 3-13 所示电路，求图中 AB 间的输入电阻。

将 3 个 3Ω 的电阻组成的三角形电路转化成星形电路，化简后电路如图 3-14 所示。

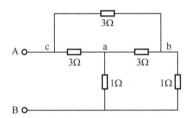

图3-13　电阻△形联结和Y形联结示例电路

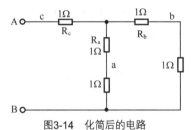

图3-14　化简后的电路

图中，$R_a=R_b=R_c=\frac{1}{3}\times3=1\Omega$

因此，$R_{AB} = [(1+1)//(1+1)] + 1 = 2\Omega$

3.1.5　无穷网络电阻的求法

对于无穷网络电阻，采用前面介绍的方法比较麻烦，一般需要采用解方程的方法进行解决。

下面举一示例说明：如图 3-15 所示，无穷网络由无限多个相同的电阻构成，每个电阻的阻值为 R，问这一网络的总电阻为多少。

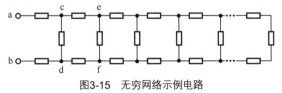

图3-15　无穷网络示例电路

设 a、b 两点间总电阻为:

$$R_{ab}=2R+x\text{（}x\text{ 为网络中其余电阻与 c、d 电阻并联总电阻）}$$

因网络无限,去掉一个网络还是无限网络,可在 e、f 处截止,令 $R_{ef}=x$,由于 ce 间电阻为 R,fd 间电阻为 R,则 cefd 间的电阻为 $x+2R$。

cefd 间的电阻 $x+2R$ 与 cd 间的电阻 R 并联后,总电阻为 R_{cd}($R_{cd}=x$)。

由此得方程:

$$\frac{(x+2R)R}{(x+2R)+R}=x$$

$$x^2+2Rx-2R^2=0$$

解这个方程得:

$$x=(\sqrt{3}-1)R\text{（舍去负值）}$$

故 $R_{ab}=2R+x=(\sqrt{3}+1)R$。

从以上例题可知,解这类题时,应充分利用无穷网络的性质——去掉其中之一无影响的方法来求解。

|3.2 电压源和电流源的等效变换|

在组成电路的各个元件中,电源是一个有源元件,一个电源可以用两种不同的等效电路表示,一种是以输出电压为特征,称为电压源,另一种是以输出电流为特征,称为电流源。下面分别进行介绍。

3.2.1 电压源

通常一个有源元件的电路可用一电压源 U_s 和内阻 R_s 的串联电路进行表示,如图 3-16(a)所示。

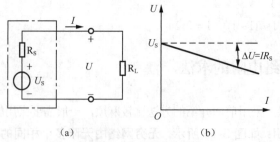

图3-16 电压源及其外特性

图中,R_L 为负载电阻,I 为电源向负载输出的电流,电源的端电压为:

$$U=U_s-IR_s$$

上式说明,当电源的电压 U_s 和内阻 R_s 为定值时,电压源的端电压 U 与负载电流 I 成线性关系,可以用图 3-16 中(b)的直线表示,我们把这条直线称为电压源的外特性曲线,简称外特性。也就是电源端电压 U 随输出电流 I 变化的伏安特性曲线。可以看出，当负载电流 I 增大时，电压源内阻压降也增大，电压源的端电压 U 则随之下降。

如果实际电源的内阻很小，则它们的外特性比较平坦，如果 $R_s=0$，根据 $U=U_s-IR_s$ 可知，这时电源的端电压为定值，即 $U=U_s$，与负载 R_L 无关。这样的电源我们称为理想电压源，又称恒压源，如图 3-17 虚线框内所示为理想电压源的符号，其外特性是一条平行于 I 轴的直线。

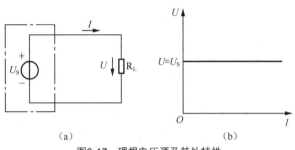

图3-17　理想电压源及其外特性

理想的电压源实际上是不存在的，但是，如果一个电压源的电阻 R_s 比负载电阻 R_L 小很多，即满足 $R_s \ll R_L$ 时，则端电压 U 基本恒定，可以认为是理想的电压源，如干电池、蓄电池、直流稳压电源等，其内阻都很小，可把它们看作理想电压源。

理想电压源具有以下性质。

（1）理想电压源的端电压 U 是恒定值，而与流过它的电流大小和方向无关。

（2）理想电压源所通过的电流可以是任意值，电流的大小和方向取决于与之相联结的外电路。

（3）几个理想电压源可以串联，其等效电压为其代数和。若理想电压源并联，其端电压必须相等。

（4）任一支路与理想电压源 U_s 并联时，等效电压仍为其端电压 U_s，而等效电压源的电流等于原电路外部电路电流。

3.2.2　电流源

实际电源除用源电压 U_s 和内阻 R_s 串联的电源模型来表示外，还可以用如图 3-18 所示的另一种电源模型来表示，由图可得关系式：

$$I=I_s-\frac{U}{R_s}$$

式中，I_s 为电源的短路电流，I 为负载电流，而 U/R_s 是电源内阻 R_s 中流过的电流。

图 3-18（a）虚线框是由电流源 I_s 和内阻 R_s 相并联的电源模型，称为电流源。

由式 $I=I_s-\dfrac{U}{R_s}$ 可知，电流源的电流 I_s 和内阻 R_s 为定值时，电流源的输出电流 I 与负载端电压 U 成线性关系，可以用图 3-18（b）中的直线表示。我们把这条直线称为电流源的外特性曲线。

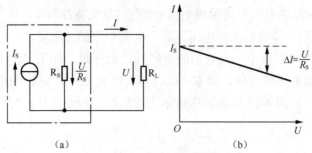

（a）   （b）
图3-18　电流源及其负载特性

　　电源向外部输出的电流 I 总是小于 I_s，实际电流源的内阻 R_s 通常都很大。当负载变动时，电流源的输出电流 I 的大小取决于 R_s，R_s 愈大，内阻 R_s 分去的电流愈小，电流源输出电流就愈稳定。

　　如果电流源的内阻 $R_s=\infty$，这时电源供给负载的电流 I 为恒定值，即 $I=I_s$，与负载的大小无关，这种电流源称为理想电流源，又称恒流源。如图 3-19（a）中虚线框内所示为理想电流源的符号，其外特性是一条平行于 U 轴的直线，如图 3-19（b）所示。

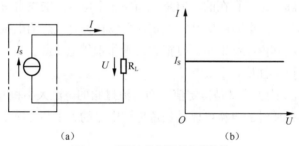

（a）   （b）
图3-19　理想电流源及其负载特性

　　同理想电压源一样，理想电流源实际上是不存在的。但是，如果一个电源的内阻 R_s 比负载电阻大得多，即满足 $R_s \gg R_L$，可以认为是理想电流源。如光电池和工作在线性区的三极管都可近似看成理想电流源。

　　理想电流源具有以下性质。

　　（1）理想电流源输出的电流是恒定值 I_s，与其端电压无关。

　　（2）它的端电压是任意的，由外电路决定。

　　（3）几个理想电流源可以并联，其等效电流为其代数和。若理想电流源串联，则各电流源的电流必须相等。

　　（4）任一支路与理想电流源 I_s 串联时，等效电流仍为电流 I_s，而等效电流源的电压等于原电路外部电路电压。

3.2.3　电压源与电流源的等效变换

　　在电路分析计算中，以上两种电源模型是可以等效变换的。下面我们就来研究这两种实际电源等效变换的条件。

　　对于电压源，根据 $U=U_s-IR_s$ 可得：

$$I=\frac{U_s-U}{R_s}=\frac{U_s}{R_s}-\frac{U}{R_s}$$

对于电流源，则有以下关系成立：

$$I=I_s-\frac{U}{R_s}$$

若它们对外电路等效，则以上两式的对应项应相等，因此等效变换条件为：

$$I_s=\frac{U_s}{R_s} \text{ 或 } U_s=I_sR_s$$

当两者满足以上关系，且电压源的内阻等于理想电流源的内阻时，这两种电源是可以互换的。电压源与电流源等效互换电路如图 3-20 所示。

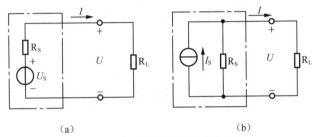

（a）　　　　　　　　　　　　　（b）

图3-20　电压源和电流源的等效互换

电压源与电流源的等效变换非常简便，它可以使一些复杂电路的计算简化，是一种很实用的电路变换方法。互相变换时，要注意以下几点。

（1）电压源和电流源的参考方向要一致，即电流源流出电流的一端应与电压源的正极相对应。

（2）所谓"等效"，是指它们对外电路等效，电源内部电路不等效。

（3）电压源与电流源进行等效变换时，必须遵循一条原则：变换时不影响未变换部分的每一支路上电压和电流的分布。这样的变换称为等效变换。

（4）理想电压源与理想电流源之间不能等效变换。因为理想电压源的内阻 $R_s=0$，而理想电流源的内阻 $R_s=\infty$，两者不满足等效变换条件。

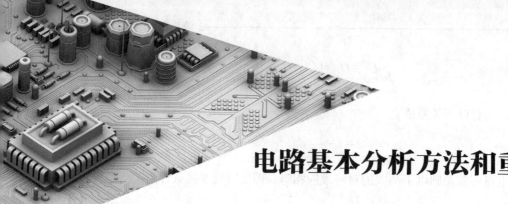

第4章
电路基本分析方法和重要定理

凡是不能用串联和并联方法简化为单回路的电路（或能简化却相当复杂的电路），称为复杂电路，分析和计算复杂电路时，由于电路复杂，计算过程极为烦琐，因此，要根据电路的结构特点去寻找分析与计算的简便方法。

|4.1   电路基本分析方法|

4.1.1   支路电流法

支路电流法是计算复杂电路的最基本方法，它以各支路电流为未知量，根据基尔霍夫电压和电流定律，列出必要的电路方程，求解各支路电流，进而求出电压或功率。

1. 方法与步骤

下面以图 4-1 所示的两个电源并联的电路为例，说明支路电流法的应用。

在本电路中，有 3 条支路，2 个结点 a 和 b，要求出 3 条支路的电流，需列出 3 个独立方程联立求解。所谓独立方程是指该方程不能通过已经列出的方程演变而来。

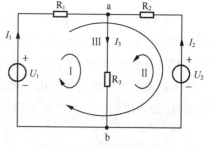

图4-1   两个回路并联的电路

在列方程之前，首先必须在电路图中选定未知支路电流的参考方向。按图中选定的参考方向，根据基尔霍夫电流定律可列出两个电流方程：

对于结点 a：

$$I_1+I_2-I_3=0$$

对于结点 b：

$$I_3-I_1-I_2=0$$

比较以上两式发现，只有一个方程是独立的。因为这两个方程可以相互导出。所以对具有两个结点的电路，应用基尔霍夫电流定律，只能列出一个独立方程。

一般来说，对具有 n 个结点的电路应用基尔霍夫电流定律只能列出（$n-1$）个独立方程。

图 4-1 中有 3 个回路：即回路 I、II、III，根据基尔霍夫电压定律可列出 3 个回路电压方程。回路的绕行方向如图所示，设电压升高为正，电压降低为负。

对于回路 I：

$$U_1-I_1R_1-I_3R_3=0$$

对于回路 II：

$$U_2-I_2R_2-I_3R_3=0$$

对于回路 III：

$$U_1-I_1R_1+I_2R_2-U_2=0$$

以上 3 个方程中，实际上只有两个是独立方程，因为回路 III 的方程可以从前面两个方程导出。在列回路方程时，要使所列出的方程都是独立方程，就得适当选取回路。一般来说，在电路分析中，选取以网孔为回路列出的电压方程一定为独立方程。如图 4-1 所示电路有两个网孔，可列出两个独立的回路电压方程。

由以上分析可知，对于图 4-1 所示的电路可列出如下独立方程：

$$I_1+I_2-I_3=0$$
$$U_1-I_1R_1-I_3R_3=0$$
$$U_2-I_2R_2-I_3R_3=0$$

将以上方程联立求解，即可求出各支路的电流 I_1、I_2、I_3。若求出的数值为正，则表示该电流的实际方向与参考方向相同；若求出的数值为负，则表示电流的实际方向与参考方向相反。

现在，把用支路电流法计算复杂电路的解题步骤归纳如下。

（1）确定已知电路的支路数和结点数，标注电流的参考方向和网孔绕行方向。

（2）应用基尔霍夫电流定律（KCL），列出独立方程式，规定和参考方向一致的电流为正，和参考方向相反的电流为负。

（3）应用基尔霍夫电压定律（KVL），列出独立电压方程式，一般规定沿绕行方向上，电压上升为正，电压下降为负。

（4）解方程，求出支路电流。

2．适用范围

支路电流法原则上适用各种复杂电路，但当支路数很多时，方程数增加，计算量加大。因此，支路电流法适用于支路较少的电路。

需要说明的是，当用支路电流法分析含有理想电流源的电路时，由于理想电流源所在支路的电流为已知，所以可少列一个方程，因此，在列回路方程时要避开理想电流源支路。

3．应用举例

下面举一示例说明：试用支路电流法求图 4-2 所示电路的各支路电流。

该电路共有 3 条支路、2 个结点和 2 个网孔。求解 3 个支路电流应列 3 个独立方程，其中 1 个结点的 KCL 方程，2 个为网孔 KVL 方程。

对于结点 a，列 KCL 方程有：

$$I_1-I_2-I_3=0$$

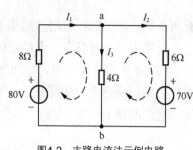

图4-2　支路电流法示例电路

对于 2 个网孔，图中画出了绕行方向（顺时针），取沿绕行方向上，电压上升为正，电压下降为负，列 KVL 方程有：

$$80-8I_1-4I_3=0$$

$$-70+4I_3-6I_2=0$$

解由以上 3 式组成的方程组得：

$$I_1=5A$$

$$I_2=-5A$$

$$I_3=10A$$

4.1.2　结点电压法

支路电流法虽是分析计算复杂电路的基本方法，但电路网孔比较多时，用支路电流法求解就相当麻烦。因此，分析网孔多而结点少的电路时，常用另外一种电路分析方法——结点电压法。结点电压法是以电路中结点电压为待求量，对复杂电路进行分析计算的一种方法。求出结点电压后，所有支路的电压就确定了，再对各支路运用基尔霍夫定律或欧姆定律，求出各支路电流及其他待求量。

1. 方法与步骤

结点电压法特别适宜结点少而支路多的电路分析。例如，图 4-3 所示电路为 4 条支路并联的电路。这个电路的特点是结点少、支路数多，所有支路都接在两个结点之间。选 b 点为参考点，两个结点 a 和 b 间的电压 U_{ab} 称为结点电压，在图中，电压的正方向由 a 指向 b。

设各支路电流方向如图所示，对于结点 a，列出 KCL 方程有：

$$I_1+I_2-I_3-I_4=0$$

各支路电流可由基尔霍夫电压定律求出：

$$U_{S1}-R_1I_1-U_{ab}=0$$

$$-U_{S2}-R_2I_2-U_{ab}=0$$

$$R_3I_3-U_{ab}=0$$

$$R_4I_4-U_{ab}=0$$

解以上方程，可得到结点电压的公式：

$$U_{ab}=\frac{\dfrac{U_{S1}}{R_1}+\dfrac{-U_{S2}}{R_2}}{\dfrac{1}{R_1}+\dfrac{1}{R_2}+\dfrac{1}{R_3}+\dfrac{1}{R_4}}=\frac{\sum\dfrac{U}{R}}{\sum\dfrac{1}{R}}$$

现在，把用支路电流法计算复杂电路的解题步骤归纳如下。

（1）设参考点（零电位点），其他结点对参考点的电位（结点电压）均以参考点为负极。

（2）标出各支路电流参考方向。

（3）用结点电压的公式求出结点电压 U_{ab}。

2. 适用范围

结点电压适用于全面求解电路支路电压及电流，特别是支路较多、结点数少的复杂电路。

3. 应用举例

下面举一示例说明：用结点电压法求图 4-4 所示电路中各支路电流。

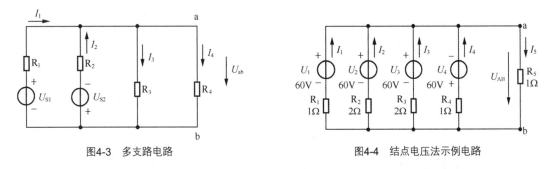

图4-3　多支路电路　　　　　　　　图4-4　结点电压法示例电路

这是一个由 4 个电源并联供电的电路，设结点电压 U_{ab} 和各支路电流方向如图所示。因 U_1、U_2、U_3 与 U_{ab} 方向相同，故取正号，U_4 方向与 U_{ab} 方向相反，故取负号。

根据结点电压公式，可得：

$$U_{ab}=\frac{\dfrac{U_1}{R_1}+\dfrac{U_2}{R_2}+\dfrac{U_3}{R_3}+\dfrac{-U_4}{R_4}}{\dfrac{1}{R_1}+\dfrac{1}{R_2}+\dfrac{1}{R_3}+\dfrac{1}{R_4}+\dfrac{1}{R_5}}=\frac{\dfrac{60}{1}+\dfrac{60}{2}+\dfrac{60}{2}+\dfrac{-60}{1}}{\dfrac{1}{1}+\dfrac{1}{2}+\dfrac{1}{2}+\dfrac{1}{1}+\dfrac{1}{1}}=15（V）$$

因此，各支路电流为：

$$I_1=\frac{U_1-U_{ab}}{R_1}=\frac{60-15}{1}=45（A）$$

$$I_2=\frac{U_2-U_{ab}}{R_2}=\frac{60-15}{2}=22.5（A）$$

$$I_3=\frac{U_3-U_{ab}}{R_3}=\frac{60-15}{2}=22.5（A）$$

$$I_4=\frac{-U_4-U_{ab}}{R_4}=\frac{-60-15}{1}=-75（A），负值表示 I_4 实际方向与图中参考方向相反。$$

$$I_5=\frac{U_{ab}}{R_5}=\frac{15}{1}=15（A）$$

|4.2 电路分析重要定理|

4.2.1 叠加原理

在图 4-5 所示的电路中有两个电源，各支路中的电流是由这两个电源共同作用产生的。任何一个支路中的电流，都可以看成是由电路中各个电源分别作用时，在此支路中所产生的电流的代数和。这就是叠加原理。

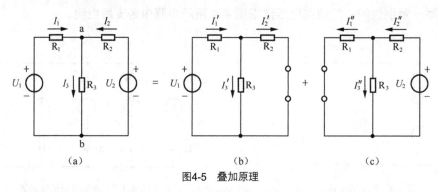

图4-5 叠加原理

下面以上图为例，说明叠加原理的正确性。如以支路电流 I_1 为例，它可用支路电流法求出。根据基尔霍夫电流和电压定律，列出以下方程：

$$I_1+I_2-I_3=0$$

$$U_1-I_1R_1-I_3R_3=0$$

$$U_2-I_2R_2-I_3R_3=0$$

解之后，得：

$$I_1=\frac{R_2+R_3}{R_1R_2+R_2R_3+R_3R_1}U_1-\frac{R_3}{R_1R_2+R_2R_3+R_3R_1}U_2$$

设 $I_1'=\dfrac{R_2+R_3}{R_1R_2+R_2R_3+R_3R_1}U_1$

$$I_1''=\frac{R_3}{R_1R_2+R_2R_3+R_3R_1}U_2$$

于是 $I_1=I_1'-I_1''$

显然，I_1'是当电路中只有 U_1 单独作用时，在第一支路中产生的电流，而 I_1''是当电路中只有 U_2 单独作用时，在第一支路中产生的电流，由于 I_1''与 I_1 的方向相反，所以带负号。

同理：

$$I_2=I_2''-I_2'$$

$$I_3=I_3'+I_3''$$

由此可见，用叠加原理计算复杂电路，就是把一个多电源的复杂电路化为几个单电源的电路来进行计算。

叠加原理不仅用来计算复杂电路，而且也是线性电路的普遍原理。

应用叠加原理时要注意以下几点。

（1）叠加原理只适用于线性电路，它只能用来分析线性电路的电流和电压，而不能用叠加原理来计算电路的功率。

（2）在对电路中电流或电压进行叠加时，要注意各支路电压或电流的参考方向。凡是电压或电流分量的参考方向与原支路电压或电流的参考方向一致时，取正号，反之则取负号。

（3）所谓某一电源单独作用，就是假设其余电源除去，即将电压源中的理想电压源用短路线代替，把电流源中理想电流源 I_s 断开，但电路中的其他元件及电路联结方式都保持不变。

下面举一示例说明： 如图 4-6 所示电路，用叠加原理求 I。

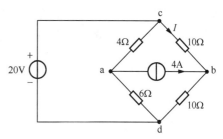

图4-6　叠加原理示例电路

根据叠加原理，图 4-6 可分为图 4-7 所示的两个电路，图 4-8 为对应的等效电路。

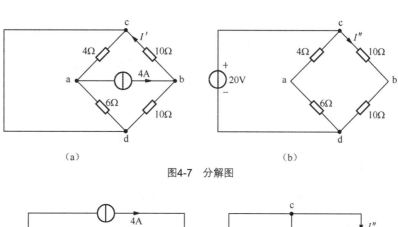

（a）　　　　　　　　　　　　　（b）

图4-7　分解图

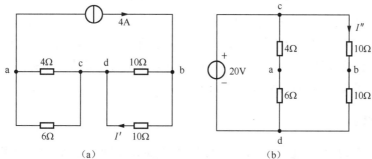

（a）　　　　　　　　　　　　　（b）

图4-8　分解图对应等效电路

当 4A 电流源单独作用时，从图 4-8（a）中可以得到：

$$I' = \frac{10}{10+10} = 2 \text{（A）}$$

当 20V 电源单独作用时，从图 4-8（b）中可以得到：

$$I''=\frac{20}{10+10}=1（A）$$

根据叠加原理可得到：

$$I= I''-I' =1-2= -1（A）$$

4.2.2 戴维南定理

有些情况下，我们只需计算一个复杂电路中某个支路的电流。如果用以上讲的方法来计算时，必然会引出一些不需要的电流来，使计算过程复杂，为了使计算简便些，常常应用戴维南定理或下面将要介绍的诺顿定理。

1. 二端网络

任何电路，不论是简单的还是复杂的，只要它具有两个端，则称它为二端网络。根据它内部是否含有电源，又分为无源二端网络和有源二端网络，如图 4-9（a）所示为无源二端网络，图 4-9（b）为有源二端网络。

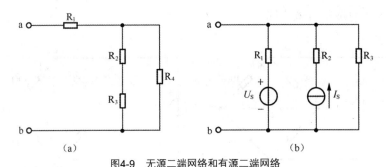

图4-9　无源二端网络和有源二端网络

2. 戴维南定理

任何一个线性有源二端网络，对外电路来讲，都可以用一个电压源 U_s 和内阻 R_s 串联的组合电源模型来代替，电压源的电压等于有源二端网络的开路电压（将负载断开后，a、b 两端间的电压），等效电源的内阻等于有源二端网络中所有独立电源为零（$U_s=0$，理想电压源短路；$I_s=0$，理想电流源开路）时的等效电阻。这就是戴维南定理。根据戴维南定理做出的等效电路，称为戴维南等效电路，如图 4-10 所示。

3. 应用举例

下面举一示例说明：如图 4-11 所示电路，用戴维南定理求电路中 6Ω 电阻上的电流。

（1）将 6Ω 电阻所在支路从电路中划分出来，如图 4-12 所示

（2）求开路电压 U_{AB}

将 AB 支路断开，如图 4-13 所示。

先将 AC 间的两并联的电压源变换为电流源，如图 4-14 所示。

将 AC 间的两个电流源合并，如图 4-15 所示。

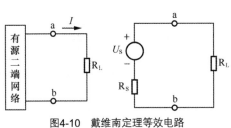

图4-10　戴维南定理等效电路

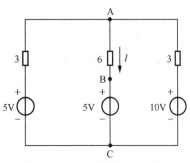

图4-11　戴维南定理示例电路

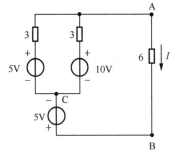

图4-12　等效电路

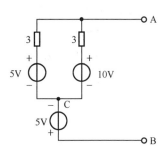

图4-13　断开AB支路后的电路

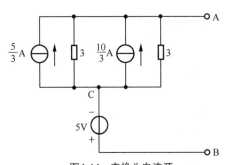

图4-14　变换为电流源

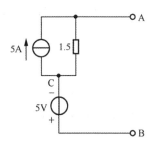

图4-15　合并电流源后的电路

将电流源变换为等效的电压源，如图 4-16 所示。

从图中可以看出，AB 间的开路电压 U_{AB} 为 7.5−5=2.5V。

（3）求除源二端网络的等效电阻 R_{AB}

将含源二端网络中的各电压源用短路线代替，如图 4-17 所示。

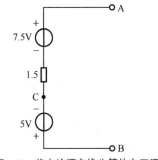

图4-16　将电流源变换为等效电压源

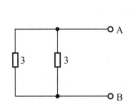

图4-17　求除源二端网络的等效电阻

从图中可以看出，除源二端网络的等效电阻 $R_{AB}=3//3=1.5\Omega$。

（4）求 6Ω 上的电流 I

根据以上可得等效电压源如图 4-18 所示。

从等效电源图中可以得到，6Ω 上的电流为：

$$I=\frac{2.5}{1.5+6}=\frac{2.5}{7.5}=\frac{1}{3}\mathrm{A}$$

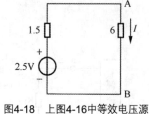

图4-18　上图4-16中等效电压源

4.2.3　诺顿定理

任何一个线性有源二端网络都可以用一个电流为 I_s 的理想电流源和内阻 R_s 并联的电源模型来等效代替。电流源的电流 I_s 等于二端网络端口短路时的短路电流，并联电阻等于线性有源二端网络除源（理想电压源短路，理想电流源开路）后所得到的无源网络 a、b 两端之间的等效电阻。这就是诺顿定理。如图 4-19 所示。

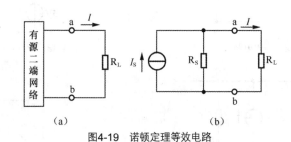

图4-19　诺顿定理等效电路

一个有源二端网络既可用戴维南定理化为等效电压源，也可用诺顿定理化为等效电流源，两者对外电路讲是等效的。有关诺顿定理的应用这里不再举例。

4.2.4　非线性电阻电路简介

什么是非线性电阻电路呢？首先要知道是什么线性电路。如果电阻两端的电压与通过的电流成正比，这说明电阻是一个常数，不随电压或电流而变动，这种电阻称为线性电阻。线性电阻两端的电压与其中电流的关系遵循欧姆定律。

如果电阻不是一个常数，而是随着电压或者电流变动，那么，这种电阻就称为非线性电阻。非线性电阻两端的电压与其中电流的关系不遵循欧姆定律，一般不能用数学式表示，而是用电压与电流的关系曲线 $U=f(I)$ 或者式 $I=f(U)$ 来表示。这种曲线就是伏安特性曲线，一般是通过实验作出的。

非线性电阻在生产上应用很广，图 4-20 所示分别为白炽灯丝和半导体二极管的伏安特性曲线，图 4-21 是非线性电阻的符号。

由于非线性电阻随着电压或电流而变动，因此，计算它的电阻时就必须指出它的正确工作电流或电压。例如，在图 4-22 上，就是工作点 Q 处的电阻。

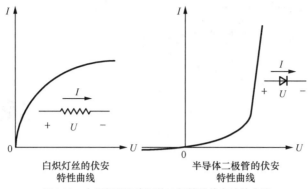

白炽灯丝的伏安
特性曲线

半导体二极管的伏安
特性曲线

图4-20 白炽灯丝和半导体二极管的伏安特性曲线

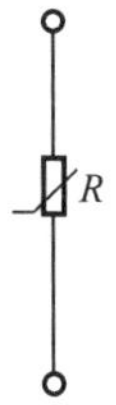

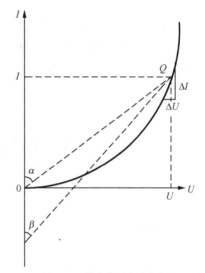

图4-21 非线性电阻的符号

图4-22 静态电阻和动态电阻

　　非线性电阻元件的电阻有两种表示方式。一种称为静态电阻（或称为直流电阻），它等
于工作点 Q 的电压 U 与 I 之比，即：

$$R = \frac{U}{I}$$

Q 点的静态电阻正比于 tanα。

　　另一种称为动态电阻（或称为交流电阻），它等于工作点 Q 附近的电压微变量 ΔU 与电
流微变量 ΔI 之比的极限，即：

$$r = \lim_{\Delta I \to 0} \frac{\Delta U}{\Delta I}$$

动态电阻用小写字母 r 表示，Q 点的动态电阻正比于 tanβ，β 是 Q 点的切线与纵轴的
夹角。

　　由于非线性电阻电路的阻值不是常数，在分析与计算非线性电阻电路时，一般采用图解
法，详细内容这里不作具体分析。

第5章
电磁基础知识

电和磁是两个互相联系、不可分割的基本现象，主要包括磁场和磁力线、安培力和磁感应强度、磁通量、法拉第电磁感应定律、楞次定律、自感现象、磁性材料的磁性能和磁路基本定律等。现代几乎所有的电子设备都与电和磁有关，有关电和磁的内容比较复杂，本章只简要介绍电磁的基础知识。

|5.1　磁场和磁感线|

5.1.1　简单磁现象

磁现象与人类有着密切的联系，现代社会生活离不开电动机、发电机、电话、电视机，以及电子计算机和各类电气仪表，这些都跟磁现象有关。磁现象跟电现象有着密不可分的联系，许多电现象都有磁现象伴随。

磁铁能吸引铁、钴、镍等物质，磁铁的这种性质叫作磁性，具有磁性的物质叫作磁体。磁体各部分的磁性强弱不同，条形磁铁的两端磁性最强（如图5-1所示），磁体上磁性最强的部分叫作磁极。

可以在水平面内自由转动条形磁极或磁针，静止后总是一个指南，一个指北，指南的磁极叫作S极（南极），指北的磁极叫作N极（北极），如图5-2所示。

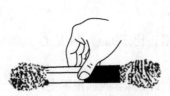

图5-1　条形磁铁两端磁性最强

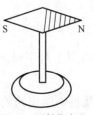

图5-2　磁针指南北

磁体还具有一个重要的特性，即同名磁极互相排斥，异名磁极互相吸引。如图5-3所示。

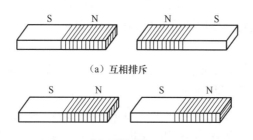

（a）互相排斥

（b）互相吸引

图5-3 同名磁极互相排斥，异名磁极互相吸引

5.1.2 磁体周围的磁场和磁感线

1. 磁体周围的磁场

先在桌上放一圈小磁针，再把一个条形磁体放到小磁针中间，如图 5-4 所示，会发现小磁针静止时都不再指南北，而有了新的指向。

原来在磁体周围存在着磁场，小磁针是受到磁场的磁力作用，才具有新的指向的。磁场是看不见、摸不到的，但人们却可以根据它所表现出来的性质来认识它、研究它，磁场的基本性质是它对放入其中的磁体产生磁力的作用，磁体间的相互作用就是通过磁场而发生的。看不见、摸不到的东西，却可以认识它、研究它，这正是科学的力量所在。

在图 5-4 中，小磁针在磁场中停在一定方向，这显示出磁场的方向性。人们规定，在磁场中的某一点，小磁针静止时北极（N 极）所指的方向就是该点的磁场方向。

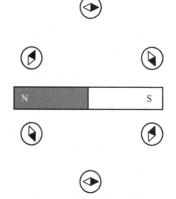

图5-4 磁体周围存在磁场

2. 磁感线

物理学家用磁感应线来形象地描述空间磁场的情况。在磁场中画一些有方向的曲线，任何一点的曲线方向都跟放在该点的磁针北极所指的方向一致，这样的曲线叫作磁感应线，简称磁感线，磁体周围的磁感线都是从磁体北极出来，回到磁体南极。图 5-5 表示条形磁体和蹄形磁体的磁感线分布。

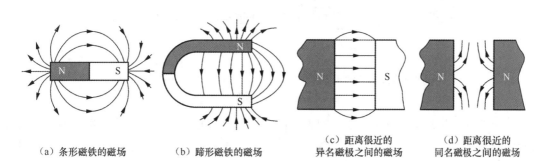

（a）条形磁铁的磁场　　（b）蹄形磁铁的磁场　　（c）距离很近的异名磁极之间的磁场　　（d）距离很近的同名磁极之间的磁场

图5-5 几种常见磁铁的磁感线分布

磁铁外部的磁感线是从磁铁的北极出来，进入磁铁的南极。那么磁铁内部有没有磁感线呢？回答是肯定的，磁铁内部磁感线方向由南极指向北极，并和外部的磁感线连接，形成闭合曲线。

下面举一示例说明。如图 5-6 所示，把小磁针放在磁场中，磁场方向如图中箭头所示，小磁针将怎样转动，它将停在哪个方向？

小磁针北极受磁场力 F_1 的方向与磁场方向相同，南极受磁场力 F_2 的方向与磁场方向相反，如图 5-7（a）所示，在磁场力 F_1 和 F_2 的作用下，小磁针将沿顺时针方向转动，小磁针停止转动时北极所指的方向与磁场方向相同，如图 5-7（b）所示，这时磁场力 F_1 和 F_2 平衡。

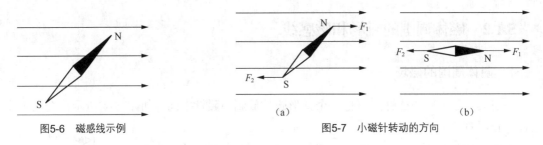

图5-6 磁感线示例

（a）　　　（b）

图5-7 小磁针转动的方向

5.1.3 电流的磁场和磁感线

1. 电流产生的磁场

磁体能够产生磁场，但它并不是磁场的唯一来源。早在 18 世纪就有人观察到闪电能够使小刀、汤匙等钢铁制品变成磁体，这些偶然观察到的现象表明电与磁之间有着某种联系，但是当时人们并没有通过有目的的实验归纳出明确的结论。

1820 年，丹麦物理学家奥斯特（1777—1851 年）做了一个实验，把电磁学的研究向前推进了一大步。他把一条导线平行地放在磁针的上方，给导线通电时发现磁针发生偏转（如图 5-8 所示），就像在磁针旁边放上一块磁铁一样，这个实验说明电流也能产生磁场，电现象和磁现象有密切的联系。

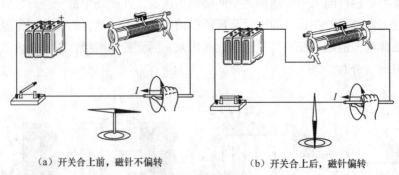

（a）开关合上前，磁针不偏转　　　（b）开关合上后，磁针偏转

图5-8 奥斯特实验

电流能够产生磁场，那么，磁场对通电导线是否会有某种作用？回答是肯定的。通过实验我们会发现，若把一段直导线放在磁场里，当导线中通过电流时，导线会运动，这表明导线受到了力的作用，这说明，磁场不仅对永磁体有力的作用，对通电导线也有力的作用。

电流能够产生磁场，而磁场对通电导线又有力的作用，于是很自然地会想到，电流和电流之间也应该通过磁场发生相互作用，让我们用实验来验证这一猜想。有互相平行而且距离较近的两条导线，当导线中分别通以方向相同和方向相反的电流时，观察发生的现象。

实验表明，当电流方向相同时，导线相互靠近；当电流方向相反时，导线相互远离。这时每条通电导线都处在另一条导线中的电流产生的磁场里，因而受到磁场力的作用，这就是说，电流和电流之间，也会通过磁场发生相互作用。

综上所述，我们认识到：磁极和电流都能在空间产生磁场，而磁场对它里面的磁极和通电导线有力的作用。这样，我们对磁极和磁极之间、磁极和电流之间、电流和电流之间的相互作用获得了统一的认识，所有这些相互作用都是通过同一种场——磁场来传递的。

2. 直线电流磁场的磁感线和安培定则

图 5-9（a）表示直线电流磁场的磁感线分布，这些磁感线是一些同心圆，同心圆环绕着通电直导线。实验表明，如果改变电流的方向，各点磁场的方向都变成相反的方向，也就是说磁感线的方向随电流的方向而改变。

直线电流的方向跟磁感线方向之间的关系可以用安培定则（也叫右手螺旋定则）来判定：用右手握住导线，让伸直的拇指所指的方向跟电流的方向一致，弯曲的四指所指的方向就是磁感线的环绕方向，如图 5-9（b）所示。

3. 环形电流磁场的磁感线

流过环形导线的电流简称环形电流，图 5-10（a）表示环形电流磁场的磁感线分布。可以看出，环形电流的磁感线也是一些闭合曲线，这些闭合曲线也环绕着通电导线，环形电流的磁感线方向也随电流的方向而改变。

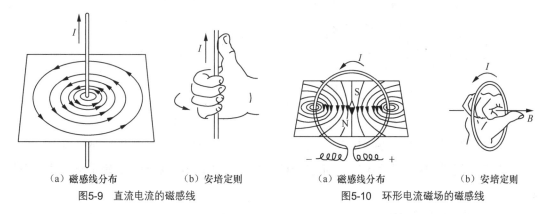

　（a）磁感线分布　　　　（b）安培定则　　　　　（a）磁感线分布　　　　（b）安培定则
　　图5-9　直流电流的磁感线　　　　　　　　图5-10　环形电流磁场的磁感线

今后研究环形电流的磁场时，我们主要关心圆环轴线上各点的磁场方向，这可以用安培定则来判定：让右手弯曲的四指和环形电流的方向一致，伸直的拇指所指的方向就是圆环的轴线上磁感线的方向，如图 5-10（b）所示。

4. 通电螺线管磁场的磁感线

螺线管是由导线一圈挨一圈地绕成的，导线外面涂着绝缘层，因此电流不会由一圈跳到另一圈，只能沿着导线流动，这种导线叫作绝缘导线。通电螺线管可以看成是放在一起的许多通电环形导线，我们自然会想到二者的磁场分布也一定是相似的，实际上的确如此。前面讲到的环形电流，其实可以看作是只有一匝的螺线管。

螺线管通电以后表现出来的磁性，很像是一根条形磁铁，一端相当于北极，另一端相当于南极，改变电流的方向，它的南北极就对调。通电螺线管外部的磁感线和条形磁铁外部的磁感线相似，也是从北极出来，进入南极，通电螺线管内部具有磁场，内部的磁感线跟螺线管的轴线平行，方向由南极指向北极，并和外部的磁感线连接，形成一些环绕电流的闭合曲线。通电螺线管的电流方向跟它的磁感线方向之间的关系，也可用安培定则来判定：用右手握住螺线管，让弯曲的四指所指的方向跟电流的方向一致，大拇指所指的方向就是螺线管内部磁感线的方向，也就是说，大拇指指向通电螺线管的北极。图5-11画出了通电螺线管的磁感线。

从上面分析可见，与天然磁铁相比，电流磁场具有容易调节和控制的特点，因而在实际中有很多重要的应用，电磁起重机、电话、电动机、发电机，以及在自动控制中得到普遍应用的电磁继电器等，都离不开电流的磁场。

5. 电流和磁场的方向表示法

为了绘图方便，常用"⊗"表示电流垂直纸面向里，用"⊙"表示电流垂直纸面向外，用"×"表示磁感线方向垂直纸面向里，用"·"表示磁感线方向垂直纸面向外，图5-12表示直线电流磁场的几种不同画法。

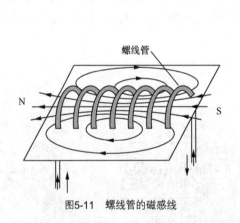

图5-11 螺线管的磁感线

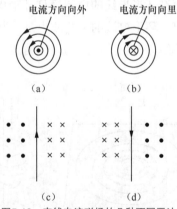

图5-12 直线电流磁场的几种不同画法

根据前面所学知识，下面结合一示例说明。如图 5-13（a）所示，试确定电源的正极和负极。

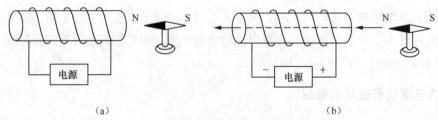

图5-13 电流的磁场示例

　　根据图中磁针北极的指向可知，螺线管内部的磁场方向由右向左，再根据安培定则可判断出螺线管中电流方向，由电流方向可知电源右端为正极，左端为负极，如图 5-13（b）所示。

5.1.4　地磁场

　　一个能在水平面内自由转动的磁针，静止时北极指北，南极指南，世界各地基本如此，这是为什么呢？原来地球本身是一个巨大的磁体，地磁北极在地理南极附近，地磁南极在地理北极附近。在地球周围的空间里存在着磁场，叫作地磁场，地磁场的磁感线从地理的南极（地磁北极）出发，到地理北极（地磁南极），并且两极磁性最强，磁感性几乎垂直于地面，赤道处磁感线与地面平行。如图 5-14 所示，磁针指南北，就是因为受到地磁场的作用。

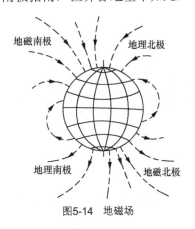

图5-14　地磁场

　　由于地理两极跟地磁两极并不重合，所以磁针所指的南北方向不是地理的正南正北方向，而是稍微有些偏离，我国宋代学者沈括（1030—1095 年）是世界上最早准确地记述这一现象的人。

5.1.5　磁场的应用

1. 电话听筒

　　电话机听筒线圈中的电流是一种随声音变化的交流电，如果听筒中没有永磁铁，那么，不管是正半周的电流或者负半周的电流通过听筒中的线圈，线圈都将产生吸力，把振动膜吸引过来，也就是说，在电流变化一周的时间内，振动膜将振动两次，这样，听筒发出的声音频率就比原来声音的频率高一倍，造成失真现象。

　　如在听筒中加一块磁性比声音电流所产生的磁性强得多的永磁铁，则当听筒线圈中的电流是正半周时，电流所产生的磁场和永磁铁的磁场方向一致，磁场加强，振动膜被吸引过来；当线圈中的电流是负半周时，电流所产生的磁场和永磁铁的磁场方向相反，声音电流的磁场只能使永磁铁的磁场稍微减弱，使振动膜弹回去一些。因此，在电流变化一周的时间内，振动膜只振动一次，听筒发出声音的频率跟声音电流的频率相同。

2. 电磁继电器

　　用小磁针探查通用螺线管的磁场，发现当螺线管内插入铁芯时，由于铁芯被磁化。磁场大大增强。因此，人们在利用通电螺线管得到强磁场时，一般都要把螺线管紧密地套在一个铁芯上，这样就构成了一个电磁铁，如图 5-15 所示。

　　通过研究电磁铁我们知道：电磁铁的磁性有无可以通过通断电来控制，电磁铁的磁性强弱可以由电流的强弱来控制。电磁继电器就是利用电磁铁的特点来工作的。

实际的工业生产中，很多高压电路需要我们人为控制，但是，人直接操作高压电路的开关是很危险的，因此我们希望通过控制低压电路的通断间接地控制高压电路的通断。利用电磁铁制成的电磁继电器，帮助我们解决了这个问题。电路包括高压工作电路和低压控制电路，还有将两电路连接起来的电磁继电器，如图5-16所示。

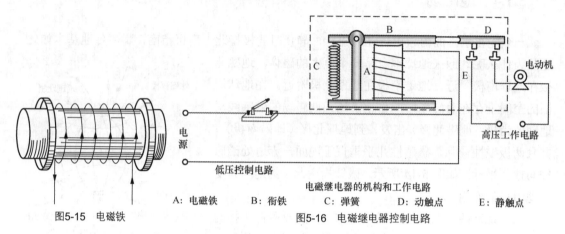

A：电磁铁　　B：衔铁　　C：弹簧　　D：动触点　　E：静触点

图5-15　电磁铁　　　　　图5-16　电磁继电器控制电路

图中的虚线部分是电磁继电器的结构示意图，主要包括：电磁铁、衔铁、弹簧、动触点和静触点，静触点是连在高压工作电路中的。

电磁继电器的工作原理是这样的：当电磁铁通电时，就有了磁性，这样，它就可以把上面的衔铁B吸引下来，动触点D和静触点E接触，整个工作电路闭合。电磁铁断电时，它就失去磁性，弹簧把衔铁拉起来，使动触点与静触点脱开，从而切断了高压部分的工作电路。可见，电磁继电器就是利用电磁铁来控制工作电路的开关。

|5.2　安培力和磁感应强度|

5.2.1　安培力的大小和磁感应强度

磁场不仅具有方向性，而且有强弱的不同。巨大的电磁铁能吸起成吨的钢铁，小磁铁只能吸起小铁钉。就是同一块磁铁，两极附近的磁场也比其他部位的磁场强。对于电流产生磁场的情况，电流越大，产生的磁场越强，怎样表示磁场的强弱呢？

磁场的基本特性是对其中的通电导线有作用力，要寻求表示磁场强弱的物理量，首先要研究这种力，磁场对通电导线的作用力通常称为安培力，这是为了纪念法国物理学家安培（1775—1836），他在磁场力的研究上有杰出贡献。

实验表明：把一段通电直导线L放在磁场里，当导线方向与磁场方向垂直时（见图5-17（a）），导线所受的安培力最大；当导线方向与磁场方向一致时（见图5-17（b）），它所受的安培力等于零；当导线方向与磁场方向斜交 θ 角时（见图5-17（c）），安培力介于最大值和零之间。

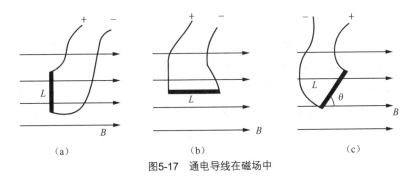

图5-17　通电导线在磁场中

当导线方向与磁场方向垂直时,通电导线所受的安培力 F 跟电流 I 和导线长度 L 成正比,写成公式就是:

$$F=BIL$$

其中 B 是比例系数,对于确定的磁场中的一个确定点来说,B 是个常量,上式也可以写成:

$$B=\frac{F}{IL}$$

实验发现,在同一磁场中的同一个位置,不管电流 I、导线长度 L 怎样改变,比值 B 总是确定的;但在不同磁场中,或在磁场的不同位置,一般说来 B 是不同的。比值 B 越大,在 I 和 L 一定的情况,通电导线受到的安培力 F 越大,表示磁场越强,因此,我们可以用比值 B 来描述磁场的强弱,叫作磁感应强度。

在上面的实验中,导线所在处的磁场强弱可以认为处处相同,然而,一般说来空间各点磁场的强弱不一定相同,例如磁极附近的磁场总比其他位置的磁场强。这时我们可以设想用很短的一段通电导线进行实验,这样就可以用 B 表示某点的磁场强弱,称为该点的磁感应强度。

在国际单位制中,磁感应强度的单位是特斯拉,简称特,符号是 T。当通电导线与磁场垂直时,如果电流 $I=1A$,导线长 $L=1m$,而且这段导线受的安培力恰为 $F=1N$(牛),则:

$$1T=1N/(A \cdot m)$$

永磁铁磁极附近的磁感应强度大约为 $10^{-3}T$。在电机和变压器的铁芯中,磁感应强度可达 $0.8 \sim 1.4T$,超导材料中的强电流产生的磁感应强度可高达 1000T,地面附近地磁场的磁感应强度只有 $3 \times 10^{-5} \sim 7 \times 10^{-5}T$。

磁感应强度是矢量,某点的磁场方向就是这点磁感应强度的方向。

在磁场中也可以用磁感线的疏密程度大致表示磁感应强度的大小,在同一个磁场的磁感线分布图上,磁感线越密的地方,磁感应强度越大。

如果在磁场的某一区域里,磁感应强度的大小和方向处处相同,这个区域的磁场就称为匀强磁场,也叫均匀磁场。匀强磁场是最简单但又很重要的磁场,在电磁仪器中有重要的应用,前面介绍的距离很近的异名磁极之间的磁场、通电螺线管内部的磁场,除边缘附近外都可以认为是匀强磁场。

引入了磁感应强度的概念后,$F=BIL$ 就可以用一句话表示为:在匀强磁场中,当通电导线与磁场方向垂直时,电流所受的安培力 F 等于磁感应强度 B、电流 I 和导线长度 L 三者的乘积。

在非匀强磁场中，公式 $F=BIL$ 适用于很短的一段通电导线，这是因为导线很短时，它所在处各点的磁感应强度的差别很小，可以近似地认为磁场是均匀的。

以上讨论了通电直导线与磁感应强度的方向垂直时的情况，当通电直导线与磁感应强度的方向之间的夹角为 θ 时，此时 B 可分解为两个分量，一个为水平分量 $B\cos\theta$，另一个为垂直分量 $B\sin\theta$，水平分量对电流的作用力为零，因此，安培力完全由垂直分量 $B\sin\theta$ 决定，此时，安培力的大小为

$$F=BIL\sin\theta$$

5.2.2　安培力的方向和左手定则

实验证明，安培力的方向既跟磁场方向垂直，又跟通电导线的方向垂直，也就是说，安培力的方向总是垂直于磁感线和通电导线所在的平面。

通电直导线所受安培力的方向，跟磁场方向、电流方向之间的关系可以用左手定则来判断：伸开左手，使拇指与四指在同一个平面内并跟四指垂直，让磁感线垂直穿入手心，使四指指向电流的方向，这时拇指所指的方向就是导线所受安培力的方向，如图 5-18 所示。

下面举一示例说明：如图 5-19（a）所示，两根靠近的平行直导线，通以方向相同的电流时，它们之间的作用力的方向如何？

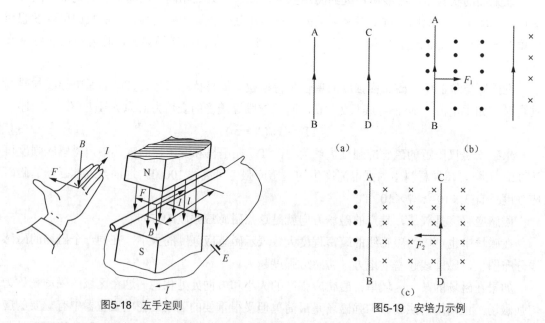

图5-18　左手定则

图5-19　安培力示例

两根导线电流之间的相互作用力是通过电流产生的磁场而作用的，要分析 AB 受力，必须根据右手螺旋定则（安培定则）先画出 CD 产生的磁场方向，由左手定则可判知 AB 受到的磁场力指向 CD，如图 5-19（b）所示，用同样的方法先画出 AB 产生的磁场，再判断 CD 受到的磁场力方向指向 AB，如图 5-19（c）所示，因而两同向电流是相互吸引的。

5.2.3　安培力的应用

1. 电流表

我们平常使用的电流表是磁电式电流表，电流流过电表中的线圈，线圈中的导线在磁场中受力，电流越大，所受安培力越大，指针也就偏转得越多，磁电式电流表就是按照这个原理指示电流大小的。

磁电式电流表的构造如图 5-20（a）所示。有一个很强的蹄形磁铁，两极的形状比较特殊，其间又放置一块圆柱形的软铁，使得缝隙中的磁感线沿半径分布，如图 5-20（b）所示。一个铝框套在圆柱形软铁上，可以绕轴转动。铝框上绕着线圈，当电流通过时，线圈受到安培力的作用，带动指针偏转，连在转动轴上的两个螺旋弹簧阻碍线圈的转动，使得线圈转到一定位置后会停下来。由于磁感线沿半径分布，所以无论线圈转到什么位置，导线都和磁感线垂直。

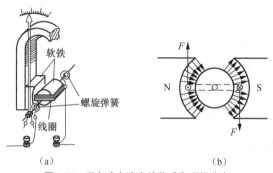

（a）　　　　　　　　　　　　　　（b）

图5-20　磁电式电流表的构成和磁场分布

线圈偏转的角度反映了线圈所受的安培力，从而代表了被测电流的强弱。

当线圈中的电流方向改变时，安培力的方向随着改变，指针的偏转方向也就改变，所以，如果把电流表两个接线柱上的导线对调，指针会向另一个方向偏转。

磁电式仪表的优点是灵敏度高，可以测出很弱的电流；缺点是绕制线圈的导线很细，允许通过的电流很弱，只有几十微安到几毫安，电流超过允许值时很容易烧坏，这一点一定要特别注意，实际使用中的电流表有的可以测量几安培甚至更大的电流，那是经过改装的。

实验中使用的电压表和电流表，实际是由表头和电阻串联或并联而成的，表头就是一个小量程的磁铁式电流表，有时称之为灵敏电流计。

（1）电流表和电压表基本工作原理

电流表和电压表的基本工作原理是：线圈中有电流通过时，通电线圈在永久磁铁所形成的磁场中受到安培力的作用而偏转，随着电流的增大，线圈的偏转角度增大，于是指针所指示的测量值就大。通过表头的电流增大时，表头两端的电压也随之增大，所以我们可以在表头上描绘出相应的刻度，从而用来测量电流和电压。

（2）满偏电流和满偏电压

电流表表头内电阻 R_g 一般是不会改变的，当表头内通过的电流增大到一定的值时，指针会偏转到最大，此时的电流称之为满偏电流，用 I_g 表示，此时表头两端的电压也是最大的，称为满偏电压，用 U_g 来表示，根据欧姆定律可知：

$$U_g = I_g \cdot R_g$$

2. 电动式扬声器

扬声器又称喇叭，它是收音机、录音机、音响设备中的重要元件，它的质量直接影响音响效果。

扬声器的种类较多，在电视机、收音机中常用的是电动式扬声器，它是由于通电导线在磁场中受安培力作用发生运动，带动空气振动而发声的。电动式扬声器由环形磁体、音圈、纸盆等组成，如图 5-21（a）所示，在环形磁体的作用下，软铁柱和上下两个软铁板都被磁化，在它们的间隙中形成较强的磁场，磁感线的方向呈辐射状，如图 5-21（b）所示。当大小和方向交替变化的电流通过音圈时，音圈就会在安培力的作用下带动纸盆沿上下方向振动，发出声音。

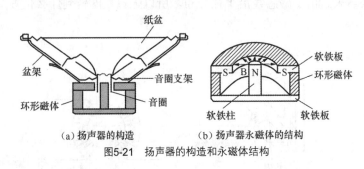

（a）扬声器的构造　　　　（b）扬声器永磁体的结构

图5-21　扬声器的构造和永磁体结构

5.2.4　磁场中的运动电荷

1. 磁场对运动电荷的作用力——洛仑兹力

我们知道，磁场对电流有作用力，既然电流是电荷的运动产生的，我们自然会想到，磁场力可能是直接作用在运动电荷上的，作用在整个导线上的安培力，不过是作用在运动电荷上的力的宏观表现。

现在用实验来检验这个想法。图 5-22（a）的是一个电子射线管，从阴极发射出来的电子束，在阴极和阳极间的高压电的作用下，轰击到长条形的荧光屏上发出荧光，可以显现出电子束的运动轨迹。

实验表明，在没有外磁场时电子束是沿直线前进的，如果把射线管放在蹄形磁铁的两极间，如图 5-22（b）所示，从荧光屏上可以看到电子束运动的径迹发生了弯曲。这表明运动电荷确实受到了磁场的作用力，磁场对运动电荷的作用力通常叫作**洛仑兹力**。

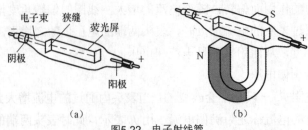

（a）　　　　　　　　（b）

图5-22　电子射线管

洛仑兹力的方向也可以用左手定则来判定：伸开左手，让磁力线进入手心，四指指向正电荷运动的方向，那么拇指所指的方向就是正电荷所受的洛仑兹力的方向。运动的负电荷在磁场中所受的洛仑兹力，方向跟正电荷相反。

2. 带电粒子在磁场中的运动

带电粒子在磁场中运动时受到洛仑兹力的作用，已知洛仑兹力，就可以确定带电粒子在磁场中的运动情况。

例如，一个带电粒子在匀强磁场中运动，它的初速度方向跟磁场方向垂直，粒子的运动轨迹将是怎样的呢？

由于初速度的方向和洛仑兹力的方向都在跟磁场方向垂直的平面内，没有任何作用使粒子离开这个平面，所以粒子只能在这个平面内运动。洛仑兹力总是跟粒子的运动方向垂直，只改变粒子速度的方向，不改变粒子速度的大小，所以粒子的速率 v 是恒定的，这时洛仑兹力 $f=qvB$ 的大小也是恒定的，它对运动粒子起着向心力的作用。因此粒子的运动一定是匀速圆周运动，如图 5-23 所示。

上述推论可以用特制的电子射线管来验证，由电子枪发出的电子射线可以使管内的低压水银蒸气发出辉光，显示出电子的踪迹，在暗室中可以清楚地看到：没有磁场作用时，电子的踪迹是直线；在管子外面加上一个匀强磁场（这个磁场是由两个平行的通电环形线圈产生的），电子的踪迹就弯曲成圆弧。前面我们学过带电粒子在电场中的运动，在现代科学技术中，常常要使带电粒子在电场的作用下运动，或者在磁场的作用下运动，或者在电场和磁场的共同作用下运动。例如示波器中的示波管、电视机中的显像管、电子显微镜等，都是利用电场和磁场来控制电荷的运动的。

运动的电荷在磁场中受到洛仑兹力的作用，运动方向会发生偏转，这一点对地球上的生命来说有十分重要的意义，从太阳或其他星体上，时刻都有大量的高能粒子放出，称为宇宙射线。这些高能粒子，如能到达地面，将会对地球上的生命造成危害，庆幸的是，地球周围存在磁场，地磁改变了宇宙射线中带电粒子的运动方向，对宇宙射线起了一定的阻碍作用，如图 5-24 所示。

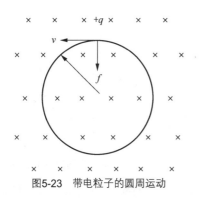

图5-23 带电粒子的圆周运动

图5-24 宇宙射线

|5.3 电磁感应|

5.3.1 磁通量和电磁感应现象

奥斯特发现电流的磁效应以后，人们受到了启发：既然电流能够产生磁场，那么，反过来利用磁场能不能获得电流？英国物理学家法拉第，经过十年坚持不懈的努力，终于在1831年发现了这个现象。法拉第的发现，进一步揭示了电和磁的联系，导致了发电机的发明，实现了机械能转化为电能。

1. 磁通量

在电磁学里常常要讨论穿过某一个面的磁场，为此需要引入一个新的物理量——磁通量，假设在匀强磁场中有一个与磁场方向垂直的线圈平面，面积为 S，磁场的磁感应强度为 B（如图 5-25 所示），我们把磁感应强度 B 与面积 S 的乘积，叫作穿过这个面的磁通量，用 $\varPhi$ 表示，即：

$$\varPhi=BS$$

上式适用于均匀磁场中，且磁感应强度 B 与线圈平面垂直。

从上式可以看出，面积越大、磁感应强度越大，穿过这个面的磁通量就越大。当线圈平面与磁场方向垂直时，线圈内的磁通量为最大；当线圈平面与磁场方向平行时，由于通过线圈内的磁感应线为零，因此，磁通量为零；当线圈平面与磁感线的方向有一夹角时，我们取垂直磁场方向的面积投影为磁通量计算面积。

例如，如图 5-26 所示，线圈平面与水平方向成 θ 角，磁感应线方向竖直向下，设均匀磁场的磁感应强度为 B，线圈面积为 S，求穿过线圈的磁通量时，应先求出线圈平面投影到与 B 垂直方向上的面积。

因为 $S_\perp=S\cdot\cos\theta$

所以 $\varPhi=BS_\perp=BS\cdot\cos\theta$

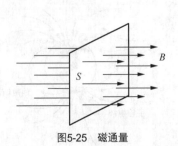

图5-25 磁通量

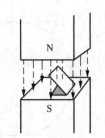

图5-26 线圈平面与磁感线的方向有一夹角时

磁通量度的意义可以用磁感线形象地描述：穿过某一面积内的磁感线条数越多，磁通量就越大。磁感线穿过某一面积时要注意磁感线穿过的方向，因为磁感应强度是矢量。在国际单位制中磁通量的单位是韦伯（Wb），$1Wb=1Tm^2$。

另外，从 $\Phi=BS$ 可以得到 $B=\Phi/S$，这表示磁感应强等于穿过单位面积内的磁通量，因此通常把磁感应强度也叫作磁通密度。

2. 电磁感应现象

（1）实验一

如图 5-27 所示，在磁场中悬挂一根导体 ab，把它的两端跟电流表连接起来。电流能够产生磁场，把导体放在磁场中也许会产生电流，让我们试试看。保持导体 ab 不动，电流表的指针并不偏转，表明导体中没有电流，我们的推断落空了。

可能是磁场不够强，换用强磁体试试看，保持 ab 不动，电流表的指针仍不偏转。

不妨换一个办法试试看，保持电路闭合，让导体 ab 在磁场中上下运动，但还是没有电流。

要像法拉第一样坚持实验，保持电路闭合，让导体 ab 在磁场中左右运动，电流表的指针这次偏转了！

科学家探索自然界的秘密，要付出艰辛的努力，经过反复曲折，才能打开真理之门。我们这里遇到的曲折，不过是历史上科学家进行探索的一个缩影而已。

可见，要使导体产生电流，导体要在磁场中运动，但只是运动并不够，如本例中导体 ab 上下运动时并不产生电流。原来导体 ab 在左右运动时切割磁感线，所以产生电流，上下运动时不切割磁感线，所以不产生电流。如果导体斜着运动，也切割磁感线，会不会产生电流呢？事实上的确会产生电流。

我们还可以从磁通量的角度来分析这一问题，本实验中，导线的一部分 ab 向左或向右运动时，穿过这一电路中的磁通量就会增加或减少，因此，电路中就有电流。

（2）实验二

如图 5-28 所示，把磁铁插入线圈，静止地放在线圈中，最后从线圈里拿出来，观察电路中是否有电流产生。

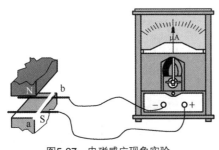

图5-27　电磁感应现象实验一

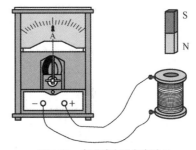

图5-28　电磁感应现象实验二

实验发现，把磁铁插入线圈和从线圈中抽出时，都有电流产生，磁铁静止在线圈中时，没有电流。

为便于理解这一现象，现绘出磁铁的磁感线，如图 5-29 所示。从图中可以看出，把磁铁插入线圈或从线圈中抽出时，组成线圈的导线切割了磁感线，因此电路中有电流产生。

也可以从另一个角度研究这个问题，当磁体离线圈很远时，可以认为穿过线圈的磁通量是零，在磁体插入线圈的过程中，磁通量增加，把磁体从线圈中抽出时，磁通量减少，这两种情况下电路中都有电流；而当磁体和线圈相对静止时，穿过线圈的磁通量不变，这时闭合电路中没有电流。

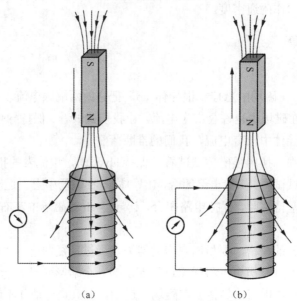

图5-29　磁铁插入线圈时产生的电流

（3）实验三

以上两个实验都是由于导体和磁体有相对运动而使穿过闭合电路的磁通量发生改变的，如果导体和产生磁场的物体相对静止，但是磁场的强弱发生变化，从而引起闭合电路中磁通量的改变，这种情况下闭合电路中是否也能产生电流呢？下面进行分析。

如图5-30所示，螺线管A通过变阻器和开关连到电源上，螺线管B的两端连到电流表上，把螺线管B套在A的外面。在开关闭合与断开的瞬间，以及开关闭合不动时，观察电路中是否有电流产生。

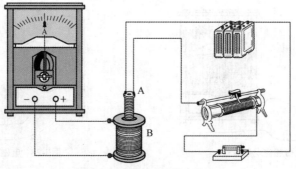

图5-30　电磁感应现象实验三

从实验中看到，在开关闭合与断开的瞬间，有感应电流产生，当开关闭合不动时，没有电流。如果在开关闭合之后，通过移动变阻器滑片来改变螺线管A中的电流，从而改变它在B中产生的磁通量，也能观察到感应电流。

实验现象可以这样解释：开关闭合时，螺线管A产生的磁场由零增至最大，由于它插在螺线管B的里面，所以穿过B的磁通量增加；而在开关断开的瞬间，磁通量减小。这个实验表明，由于磁场的改变而引起的磁通量变化，同样能在闭合电路中产生电流，稳定不变的磁通量不能在闭合电路中产生电流。

（4）结论

法拉第通过大量实验总结出如下结论：不论用什么方法，只要穿过闭合电路的磁通量发生变化，闭合电路中就有电流产生，这种由于磁通量的变化而产生电流的现象叫作电磁感应，产生的电流叫作感应电流。

能量守恒定律是自然界的普遍规律，同样适用于电磁感应现象，在实验一和实验二中，我们移动导体或移动磁铁时外力做功，消耗的电能是从机械能转化来的，发电机就是应用这个原理制成的。在实验三中，电能是由螺线管 A 转移到螺线管 B 的，变压器就是应用这个原理制成的。

5.3.2　法拉第电磁感应定律

1. 感应电动势

要使闭合电路中有电流，电路中必须有电源，电流是由电源的电动势产生的，在电磁感应现象中，既然闭合电路中有感应电流，这个电路中就一定有电动势，电路断开时，虽然没有感应电流，电动势依然存在，在电磁感应现象中产生的电动势叫作感应电动势，产生感应电动势的那部分导体就相当于电源。如前面实验一中的导体棒、实验二中的螺线管和实验三中的螺线管 B 都相当于电源，感应电流的强弱由感应电动势的大小和闭合电路的电阻决定，可以通过闭合电路的欧姆定律算出。

2. 法拉第电磁感应定律

在前面的实验一中，导体棒切割磁感线的速度越大，穿过闭合电路所围面积的磁通量就变化得越快，感应电流和感应电动势就越大，在实验二中，磁铁运动得越快，穿过螺线管的磁通量就变化得越快，感应电流和感应电动势就越大。

这些实验表明，感应电动势的大小跟磁通量变化的快慢有关。我们用磁通量的变化率来描述磁通量变化的快慢，它是磁通量的变化量跟产生这个变化所用时间的比值。例如：通过甲、乙两个线圈的磁通量都从零增加到某个定值，但是甲线圈用了 0.1s，乙线圈用了 0.2s，自然，穿过甲线圈的磁通量的变化率比较大。

如果时刻 t_1 的磁通量是 Φ_1，时刻 t_2 的磁通量变为 Φ_2，在 t_1 到 t_2 这段时间里磁通量的变化量就是 $\Phi_2-\Phi_1$，记为 $\Delta\Phi=\Phi_2-\Phi_1$。由于这个变化是在 $\Delta t=t_2-t_1$ 这段时间内发生的，所以，磁通量的变化率可以表示为 $\dfrac{\Delta\Phi}{\Delta t}$。

法拉第经过大量的实验证明：电路中感应电动势的大小，跟穿过这一电路的磁通量的变化率成正比。这就是法拉第电磁感应定律。

如果用 E 表示感应电动势，单位是伏特（V），磁通量和时间的单位分别用韦伯（Wb）和秒（s），法拉第电磁感应定律可以用公式表示为：

$$E=\frac{\Delta\Phi}{\Delta t}$$

一个闭合电路可以看作是只有一匝的线圈，如果线圈的匝数为 n，由于每匝线圈的感应电动势都为 $\dfrac{\Delta \Phi}{\Delta t}$，这 n 匝线圈又是串联在一起的，所以整个线圈的电动势是：

$$E=n\frac{\Delta \Phi}{\Delta t}$$

在实际工作中，为了获得较大的感应电动势，常常采用多匝线圈。

重点提示：感应电动势的产生方式有以下几种：一是导体切割磁感线运动产生动生电动势；二是磁感应强度变化产生感应电动势。为便于读者对照理解感应电动势和感应电流，现列表如下（如表 5-1 所示）。需要强调的是：当回路不闭合时，仍有感应电动势，但无感应电流，只有当回路闭合时，感应电动势才会驱使电子在回路中定向运动，形成感应电流。

表 5-1　　　　　　　　　　　感应电动势与感应电流的比较

物理量 比较项目	感应电动势	感应电流
定义	电磁感应现象中产生的电动势	电磁感应现象中产生的电流
产生条件	磁通量变化（与电路是否闭合无关）	有感应电动势且电路闭合
大小	与穿过磁通量的变化率成正比	取决于感应电动势及电路的总电阻

课外阅读：磁单极子

人们早就发现电和磁有很多相似之处。例如，带电体的周围有电场，磁体的周围有磁场，同种电荷互相推斥，异种电荷互相吸引；同名磁极互相推斥，异名磁极互相吸引。然而尽管电与磁有这样多的相似之处，它们却不是完全相同的，在电现象里有电荷，正、负电荷可以单独存在；在磁现象里却没有发现磁荷，南北极也不能单独存在。一块磁体，无论把它分得多么小，总是有南极和北极。

但是，1931 年，著名的英国物理学家狄拉克从理论上预言了存在着只有一个磁极的粒子——磁单极子。根据磁单极子的理论，电和磁之间的相似将更加完美。理论的动人前景，吸引了一批物理学家，用各种方法，在岩石中，在宇宙射线（即从宇宙空间飞来的粒子）中，在加速器实验中，去寻找磁单极子，但是，半个世纪的时间过去了，并没有找到磁单极子，因此，人们推测，磁单极子可能是在宇宙形成初期产生的，残存下来的为数较少，而且分散在广漠的宇宙之中，要找到它不是很容易的。

目前，寻找磁单极子的实验还在进行中，有关磁单极子的理论，探讨得更深入了，如果磁单极子确实存在，现在的电磁理论就要做重大的修改，对整个物理学基础理论的发展，也将产生重大的影响。

5.3.3　楞次定律和右手定则——感应电流的方向

1. 楞次定律

在前面的实验中，电流表的指针有时向右偏转，有时向左偏转，表示在不同情况下感应电流的方向是不同的，怎样来确定感应电流的方向呢？我们利用图 5-31 的实验来研究这个问题。

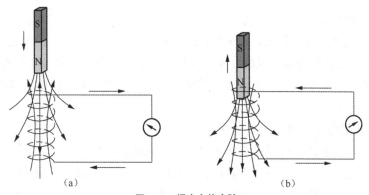

图5-31　楞次定律实验

　　前面，我们利用磁通量的概念概括出了产生感应电流的条件，由此自然地想到，也要利用磁通量的概念来表达确定感应电流方向的规律。当把磁铁的 N 极移近或插入螺线管时，如图 5-31（a）所示，穿过螺线管的磁通量增加，从实验知道，这时感应电流的磁场方向跟磁铁的磁场方向相反，阻碍原来磁通量的增加。当磁铁的 N 极离开螺线管或者从中拔出时，如图 5-31（b）所示，穿过螺线管的磁通量减少，从实验知道，这时感应电流的方向跟图 5-31（a）中的方向相反，它的磁场方向跟磁铁的磁场方向相同，阻碍原来磁通量的减少。在其他电磁感应现象中，也有相同的规律，凡是由磁通量的增加引起的感应电流，它所激发的磁场就阻碍原来磁通量的增加；凡是由磁通量的减少引起的感应电流，它所激发的磁场就阻碍原来磁通量的减少。

　　物理学家楞次（1804—1865）概括了各种实验结果，在 1834 年得到如下结论：感应电流具有这样的方向，就是感应电流的磁场总要阻碍引起感应电流的磁通量的变化。这就是楞次定律。

　　我们知道，通电螺线管相当于条形磁铁，也有两个磁极，当磁铁的 N 极移近螺线管时，利用安培定则可以知道，这时螺线管的上端是 N 极，因而磁铁受到推斥，阻碍磁铁相对于螺线管的运动；当磁铁的 N 极离开螺线管时，利用安培定则可以知道，这时螺线管的上端是 S 极，因而磁铁受到吸引，也要阻碍磁铁相对于螺线管的运动。总之，楞次定律的内容是：从磁通量变化的角度来看，感应电流总要阻碍磁通量的变化；从导体和磁场的相对运动的角度来看，感应电流总要阻碍相对运动。

　　利用楞次定律可以判断各种情况下感应电流的方向。判断感应电流的方向时，可按以下步骤进行。

　　（1）明确原来磁场的方向。

　　（2）判断穿过闭合电路的磁通量是增加还是减少。

　　（3）根据楞次定律确定感应电流的磁场方向。

　　（4）利用安培定则来确定感应电流的方向。

　　下面仍以图 5-31 所示的实验为例，用楞次定律确定磁铁的 N 极移近或离开螺线管时感应电流的方向。

　　把磁铁的 N 极移近螺线管时，原来的磁场方向向下，穿过螺线管的磁通量增加，由楞次定律知道，感应电流要阻碍磁通量的增加，因此感应电流的磁场方向跟原来的磁场方向相反，即感应电流的磁场方向是向上的，知道了感应电流的磁场方向，利用安培定则就可以确定感应电流的方向，如图 5-31（a）所示。

当磁铁的 N 极离开螺线管时，原来的磁场方向向下，穿过螺线管的磁通量减少。由楞次定律知道，感应电流要阻碍磁通量的减少，因此感应电流的磁场方向跟原来的磁场方向相同，方向也是向下的，知道了感应电流的磁场方向，利用安培定则就可以确定感应电流的方向，如图 5-31（b）所示。

"感应电流的磁场总是阻碍原磁通量的变化"，简单地说是"阻碍"的"变化"，而不是"阻碍"原磁场。具体地说是：当原磁通增加时，感应电流的磁场方向与原磁场方向相反；当原磁通量减少时，感应电流的磁场与原磁场方向相同。另外，"阻碍"并不是"阻止"，原磁通量如果增加，感应电流的磁场只能"阻碍"原磁通量的增加而不能阻止其增加，即原磁通量还是要增加。

2. 右手定则

如果磁通量的变化是由于导体切割磁感线引起的，感应电流的方向和磁感线方向、导体运动的方向，三者之间有一个便于记忆的关系，这就是右手定则：伸开右手，使拇指与四指在同一个平面内并跟四指垂直，让磁感线垂直穿入手心，使拇指指向导体运动的方向，这时四指所指的方向就是感应电流的方向，如图 5-32 所示。

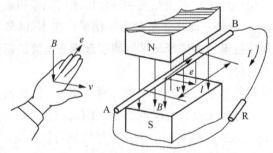

图5-32　右手定则图

当导体 AB 向右运动时，用右手定则判断的结果是：感应电流是由 A 流向 B。现在用楞次定律来判断，导体 AB 向右运动时，穿过闭合电路的磁通量减少，从楞次定律知道，感应电流要阻碍磁通量的减少，因此感应电流的磁场方向跟磁铁的磁场方向相同，即磁力线的方向也是向下的，利用安培定则可以知道，感应电流的方向是由 A 流向 B 的。可见，用楞次定律判定的感应电流的方向跟用右手定则判定的结果是一致的。

导体运动切割磁力线产生感应电流是磁通量发生变化，引起感应电流的特例，所以判定电流方向的右手定则也是楞次定律的特例，右手定则和楞次定律具有一致性，用右手定则能判定的，一定也能用楞次定律判定，只是不少情况下不如用右手定则判定简单，反过来，用楞次定律能判定的，用右手定则不一定能判定出来，例如，闭合圆形线圈中的磁场逐渐增强，用右手定则就无法判定感应电流的方向，因为此时并不切割磁力线，相反，用楞次定律可以很容易地判定出来。

需要注意的是：右手定则和左手定则不要混淆，两个定则的应用可简单地总结为："因电而动用左手；因动而电用右手"。

5.3.4　电磁感应现象中能量的转化

在电磁感应现象中，产生感应电动势的那部分导体相当于电源，如前面实验一中的导体 ab、实验二的螺线管、实验三中的螺线管 B，对外电路来说，都相当于电源，如果使外电路闭合，在感应电动势的作用下就有了感应电流，这时电流做功消耗了电能。我们知道，能量不能无中生有，只能从一种形式转化成另一种形式，各种电源都是把其他形式的能转化成电能的装置，电磁感应现象中的电能是怎样转化而来的呢？

在前面实验二中，按照楞次定律，感应电流总要阻碍磁铁相对于螺线管的运动。把磁铁移近螺线管时，磁铁受到斥力，必须有外力克服这种斥力做功，才能把磁铁移近。让磁铁离开螺线管时，磁铁受到引力，也必须有外力克服这种引力做功，才能使磁铁离开。外力克服这种电磁的引力或斥力做功的过程中，外部的机械能就转化为感应电流的电能。在前面实验一中，导线 ab 切割磁力线运动时，按照楞次定律，感应电流也要阻碍导线相对于磁铁的运动，例如当导线 ab 向右运动时，感应电流在磁场中所受的安培力，方向是向左的，外力克服安培力做功的过程中，外部的机械能就转化为感应电流的电能。从这里我们也看到，楞次定律跟能的转化和守恒定律是相符的。

电磁感应现象应用很多，下面作简要介绍。

1. 动圈式话筒

会场里的扩音设备主要由话筒、扩音机、扬声器组成，话筒把声音变成微弱的电流，这种电流变化的规律和声音变化的规律相同，叫作音频电流；扩音机把音频电流放大；扬声器再把电流变成洪亮的声音。

有几种不同的话筒，其中一种叫作动圈式话筒，是按照电磁感应的原理工作的。图 5-33 所示是动圈式话筒的构造原理图，当声波使膜片振动时，连在膜片上的线圈（音圈）随着一起振动，线圈中的导线切割磁感线，电路中产生感应电流，这样声音信号就变成电信号了。

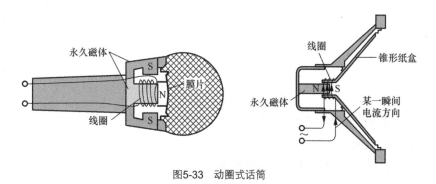

图5-33　动圈式话筒

2. 高频电焊机

如图 5-34 所示，线圈中有高频交流电时，待焊接的金属工件中产生感应电流。由于焊缝处的电阻很大，产生的热量很多，致使温度升高，将金属熔化而焊接在一起。交流电的频率越高，焊缝处产生的热量越大。

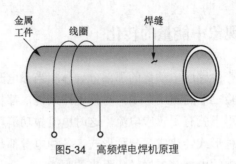

图5-34　高频焊电焊机原理

5.3.5　自感

1. 自感现象

在前面分析中，我们已经知道，穿过闭合电路的磁通量发生变化时，电路中会产生感应电动势。在前面介绍的这些内容中，磁通量是由磁铁或者其他通电线圈产生的；如果闭合电路中的磁通量是由这个电路本身产生的，当磁通量变化时，这个电路中也会产生感应电动势吗？现在来研究这种现象。

把小灯泡 A_1 和带铁芯的线圈 L 串联起来接到电源上，如图5-35（a）所示，可以看到，在闭合开关的瞬间，灯泡没有立即达到正常亮度，而是逐渐亮起来的，这和没有线圈的时候不一样。为了进行对比，再接上一个相同的灯泡 A_2，如图5-35（b）所示，调整变阻器 R，使正常发光时两个灯泡的亮度相同。断开电路，重新闭合开关，可以清楚地看到，A_1 达到正常亮度所用的时间明显地比 A_2 长。这种现象是由线圈 L 自身的电磁感应引起的。开关闭合时，电流由零开始增大，因而线圈中必然产生感应电动势，由于灯泡 A_1 是逐渐亮起来的，所以能够判断，当线圈中的电流增加时，感应电动势阻碍电流的增加。

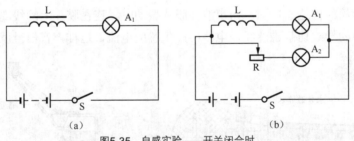

图5-35　自感实验——开关闭合时

这种由于导体本身的电流发生变化而产生的电磁感应现象，叫作自感现象，自感现象中产生的感应电动势，叫作自感电动势。

如果电路中的电流减小，也会产生自感电动势，这可以从图5-36的实验中看出来。

电路通路时流过灯泡 A 和线圈 L 的电流方向如图5-36（a）所示，开关断开时灯泡没有立即熄灭，相反，灯泡会很亮地闪一下，这表明，线圈中的电流减小时，自感电动势阻碍电流的减小，甚至可能在瞬间有更大的电流通过灯泡。

线圈中有电流时，线圈内部和它的周围有磁场，磁场也有能量。因此，当电流减小时，磁场能量就通过灯泡转化成灯丝的内能和它辐射的光能了。

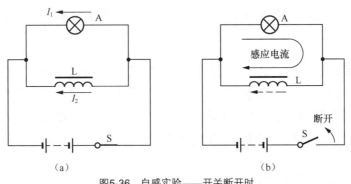

图5-36 自感实验——开关断开时

2. 自感系数

自感电动势跟其他感应电动势一样，是跟穿过线圈的磁通量的变化率 $\dfrac{\Delta \Phi}{\Delta t}$ 成正比的，我们知道，磁通量 $\Delta \Phi$ 跟磁感应强度 B 成正比，B 又跟产生这个磁场的电流 I 成正比，所以，Φ 跟 I 成正比，$\Delta \Phi$ 跟 ΔI 也成正比，由此可知，自感电动势 $e_L = \dfrac{\Delta \Phi}{\Delta t}$ 跟 $\dfrac{\Delta I}{\Delta t}$ 成正比，即：

$$e_L = L\frac{\Delta I}{\Delta t}$$

式中的比例恒量 L 叫作线圈的自感系数，简称自感或电感，它是由线圈本身的特性决定的，线圈越长，单位长度上的匝数越多，截面积越大，它的自感系数就越大。另外，有铁芯的线圈的自感系数，比没有铁芯时要大得多。自感系数的单位是亨利，简称亨，国际符号是 H，如果通过线圈的电流强度在 1 秒内改变 1 安时产生的自感电动势是 1 伏，这个线圈的自感系数是 1 亨，所以：

$$1 \text{ 亨} = 1 \text{ 伏} \cdot \text{秒/安}$$

常用的较小单位有毫亨（mH）和微亨（μH）。

$$1 \text{ 毫亨} = 10^{-3} \text{ 亨}$$
$$1 \text{ 微亨} = 10^{-6} \text{ 亨}$$

对于一个现成的线圈来说，自感系数是一定的。例如，有一密绕的长线圈，其截面积为 S（米^2），长度为 l（米），匝数为 N，介质导磁率为 μ（亨/米）则其电感 L（亨）为：

$$L = \frac{\mu S N^2}{l}$$

3. 电感元件

电子电路、家用电器中的电感器可分为两大类：应用自身自感作用的电感元件；应用互感作用的变压器。电感元件也称电感器或电感线圈，它与电阻器和电容器一样是电子电路中最基本的元器件。

（1）电感的定义

电感是一种线圈，随着流过线圈的电流的变化，线圈内部会感应出某个方向的电压，以反映通过线圈的电流变化，电感两端的电压与通过电感的电流有以下关系 $e_L = L\dfrac{\Delta I}{\Delta t}$ 。

（2）电感的分类

电感按使用特征可分为固定和可调两种；按磁芯材料可分为空心、磁芯和铁芯等；按结构可分为小型固定电感、平面电感以及中周。电感器在使用中常按工作率高低来划分，高频电感线圈的特点是电感量较小，用于工作频率比较高的电路中；低频扼流圈，又称低频阻流圈，它主要用在低频（音频）电路中，电感量较大。

（3）电路符号

如图5-37所示是电感器的电路符号。

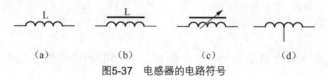

| （a） | （b） | （c） | （d） |

图5-37　电感器的电路符号

图 5-37（a）所示是电感线圈的一般电路符号，表示线圈中不含磁芯，在电路符号中电感用 L 表示。图5-37（b）所示是有磁芯电感器的电路符号，以实线来表示磁芯。图5-37（c）表示有磁芯且电感量可在一定范围内连续调整电感，又称为微调电感。图 5-37（d）表示无磁芯但有一个抽头的电感器。

（4）电感器的结构

电感器是根据自感现象制作的电子元件，最简单的电感线圈就是用导线空心地绕几圈，如图5-38（a）所示。图5-38（b）所示是有磁芯的电感器结构示意图，也用导线绕几圈，但绕在磁芯上。无论哪种电感器都是用导线绕几圈，绕的匝数不同、有无磁芯的电感量大小不同，但电感器的特性相同。

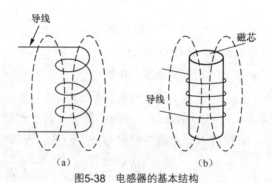

图5-38　电感器的基本结构

（5）电感器的感抗

电感器对流过它的交流电流存在着阻碍作用，即存在感抗，感抗同电阻类似。电感器的感抗大小与电感量大小和频率高低有关，实验发现，线圈的感抗与电感 L 和频率 f 成正比，进一步研究指出，线圈的感抗 X_L 跟电感 L 和交流电的频率 f 间有如下的关系：

$$X_L = 2\pi f L$$

式中：X_L 为电感器的感抗，f 为通过电感器交流电流的频率，L 为电感器的电感量。上式中的 X_L、f、L 的单位应分别用欧姆、赫兹、亨利。

为什么线圈的感抗跟线圈的自感系数（电感量）和交流电的频率有关呢？感抗是由自感现象引起的，线圈的电感（自感系数）L 越大，自感作用就越大，因而感抗越大；交流电的频率 f 越高，电流的变化率越大，自感作用也越大，因而感抗越大。

需要说明的是：对于直流电，由于 $f=0$，所以电感呈通路，只存在线圈本身很小的直流电阻，可以忽略不计；对于交流电，电感则存在着阻碍作用，此时，感抗远大于电感器直流电阻对交流电流的阻碍作用，可以忽略直流电阻对交流电流的影响。

（6）电感器的特性

——电励磁特性

当电流流过电感器时，要在电感器四周产生磁场。无论是直流电还是交流电流过线圈时，在线圈内部和外部周围要产生磁场，其磁场的大小和方向与电流的特性有关。

当直流电流通过线圈时，产生一个方向不变和大小不变的磁场，磁场大小与直流电流的大小成正比，磁场方向可用安培定则（右手螺旋定则）判别。当直流电流的大小在改变时，磁场强度也随之改变，但磁场方向始终不变。

当线圈中流过交流电流时，磁场的方向仍用安培定则判定。由于交流电流本身的方向在不断改变，所以磁场的方向也在不断改变。由于交流电的大小在不断变化，所以磁场的大小也在不断改变，这样给线圈通入交流电流后，线圈产生的磁场是一个交变磁场，其磁场强度仍与交流电流的大小成正比关系。

从线圈的上述特性中可以知道，线圈能够将电能转换成磁能，可以利用线圈的这一特性做成换能器件。例如，录音机中的录音磁头就是利用这一原理制成的。

——磁励电特性

线圈不仅能将电能转换成磁能，还能将磁能转换成电能。当通过线圈的磁通量改变时，线圈在磁场的作用下要产生感应电动势，这是线圈由磁励电的过程。磁通量的变化率愈大，其感应电动势愈大。当磁场的大小和方向在不断变化时，感应电动势的大小和方向也在不断变化。

当线圈在一个恒定磁场中时，线圈中无磁通量的变化，线圈不能产生感应电动势。这一点就不像线圈由电励磁时，通入直流电也能产生方向恒定的磁场。

可以利用线圈的磁励电特性做成换能器件。如动圈式话筒、放音磁头等，它们都是将磁能转换成电能的换能器件。

——线圈中的电流不能发生突变

当流过线圈的电流大小发生改变时，线圈要产生一个反电动势来维持原电流的大小不变，线圈中的电流变化率越大，其反电动势就越大。

下面以图 5-39 为例，说明反电动势方向的判定方法。

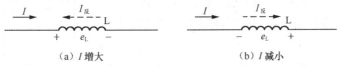

（a）I 增大　　　　　　　　（b）I 减小

图5-39　反电动势方向的判定方法

设电路中的原电流为 I，其电流方向是从左向右流过线圈 L，当原电流 I 在增大时，反电动势要阻碍这一电流的增大，这样可画出反向电动势产生的反向电流方向 $I_反$ 为自右向左，与原电流 I 的方向相反。反向电动势产生在线圈 L 的两端，L 是反向电动势的内电路，在内电路中的电流从负极流向正极，外电路中的电流从正极流向负极，根据内电路中电流是从负极流向正极的原理，可画出 L 两端电动势的正负极性，即左端为正，右端为负，如图 5-39（a）所示。当原电流 I 在减小时，电流减小时反电动势要阻碍这一电流的减小，所以，反电动势产生电流 $I_反$ 为自左向右，与原电流 I 方向相同。根据电流入的方向，可以判别出此时的反电动势方向为左负右正。

（7）电感器串联和并联

电感器串联、并联电路不常见，这里对电感串、并联后的总电感量作些说明。电感串联后的总电感量为各串联电感之和，即 $L=L_1+L_2+\cdots\cdots$，这一点与电阻的串联是相同的。电感并联后总电感量的倒数等于各电感倒数之和，即 $1/L=1/L_1+1/L_2+\cdots\cdots$，这与电阻的并联是相同的。

重点提示：自感现象在各种电器设备和无线电技术中有广泛的应用。日光灯的镇流器就是利用线圈的自感现象。

自感现象也有不利的一面，在自感系数很大而电流有很强的电路（如大型电动机的定子绕组）中，在切断电路的瞬间，由于电流强度在很短的时间内发生很大的变化，会产生很高的自感电动势，使开关的闸刀和固定夹片之间的空气电离而变成导体，形成电弧。这会烧坏开关，甚至危害到人员安全。因此，切断这段电路时必须采用特制的安全开关。

5.3.6　涡流

仔细观察发电机、电动机和变压器，可以看到它们的铁芯都不是整块金属，而是用许多薄的硅钢片叠合而成的。为什么要这样呢？

原来，把块状金属放在变化的磁场中，或者让它在磁场中运动时，金属块内将产生感应电流。这种电流在金属块内自成闭合回路，很像水的旋涡，因此叫作涡电流，简称涡流。整块金属的电阻很小，所以涡流常常很强。

如图 5-40 所示，在块状铁芯上绕绝缘导线，当交流电通过导线时，穿过铁芯的磁通量不断变化，铁芯中就会产生如图中虚线所示的涡流。块状铁芯中的涡流很强，这将使铁芯大量发热，浪费大量的电能。因此用整块铁芯的电机和变压器，涡流损失很大，效率很低，为了减少涡流损失，电机和变压器通常用涂有绝缘漆的薄硅钢片叠压制成的铁芯，这样涡流被限制在狭窄的薄片之内，回路的电阻很大，涡流大为减弱，从而使涡流损失大大降低，铁芯采用硅钢片，是因为这种钢比普通钢的电阻率大，可以进一步减少涡流损失，硅钢的涡流损失只有普通钢的 $1/5\sim1/4$。

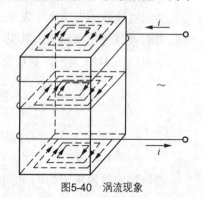

图5-40　涡流现象

在各种电机、变压器中，涡流是有害的，我们要采取各种办法来减弱它。但是，涡流也是可以利用的，例如冶炼金属的高频感应炉，这种电炉就是利用涡流来熔化金属的，冶炼锅内装入被冶炼的金属，让高频交流电通过线圈，被冶炼的金属中就产生很强的涡流，从而产生大量的热使金属熔化，这种冶炼方法速度快，温度容易控制，并能避免有害杂质混入被冶炼的金属中，因此适于冶炼特种合金和特种钢。再如，电学测量仪表要求指针的摆动很快停下来，以便可以迅速读出读数。制作电流表时，电流表的线圈要绕在铝框上，铝框就是起这个作用的，原来，当被测电流通过线圈时，线圈带动指针和铝框一起转动，铝框在磁场中转动时产生涡流，磁场对这个涡流的作用力阻碍它们的摆动，于是使指针很快地稳定指到读数位置上。

|5.4　磁性材料的性能|

5.4.1　磁导率

磁导率是用来衡量物质导磁能力的物理量，其单位为亨/米，实验测出，真空中的磁导率为

$$\mu_0 = 4\pi \times 10^{-7} \text{ 亨/米}$$

因为这是一个常数，所以将其他物质的磁导率和它去比较是很方便的，任意一种物质的磁导率 μ 和真空中的磁导率 μ_0 的比值，称为该物质的相对磁导率 μ_r，即

$$\mu_r = \mu/\mu_0$$

几种常用磁性材料的磁导率如表 5-2 所示。

表 5-2　　　　　　　　　　　　几种常用磁性材料的磁导率

材料名称	铸铁	硅钢片	镍锌铁氧体	锰锌铁氧体	坡莫合金
相对磁导率 $\mu_r = \mu/\mu_0$	200～400	7000～10000	10～1000	300～5000	$2 \times 10^4 \sim 2 \times 10^5$

对于非磁性材料而言，$\mu \approx \mu_0$，$\mu_r \approx 1$，差不多不具有磁化的特性，而且每一种非磁性材料的磁导率都是常数。

5.4.2　磁场强度

在任何磁介质中，磁场中某点的磁感应强度 B 与同一点的磁导率 μ 的比值称为该点的磁场强度 H，即：$H = B/\mu$。单位：安/米（A/m）。磁场强度 H 与磁感应强度 B 的名称很相似，切忌混淆。H 是为计算的方便引入的物理量。

5.4.3　磁性材料的磁性能

磁性材料主要是指铁、镍、钴及其合金。它们具有下列磁性能。

1. 高导磁性

磁性材料的磁导率很高，μ_r 远远大于 1，可达数百、数千乃至数万。这就使它们具有被

强烈磁比（呈现磁性）的特性。

为什么磁性物质具有被磁化的特性呢？因为磁性物质不同于其他物质，有其内部特殊性。我们知道电流产生磁场，在物质的分子中由于电子环绕原子核运动和本身自转运动而形成分子电流，分子电流也要产生磁场，每个分子相当于一个基本小磁铁。同时，在磁性物质内部还分成许多小区域。由于磁性物质的分子间有一种特殊的作用力，使每一区域内的分子磁铁都排列整齐，显示磁性。这些小区域称为磁畴。在没有外磁场的作用时，各个磁畴排列混乱，磁场互相抵消，对外就显示不出磁性来，如图 5-41（a）所示。当有外磁场（例如磁铁铁芯线圈中的励磁电流所产生的磁场）时，其中磁畴就顺外磁场方向转向，显示出磁性来，随着外磁场的增强（或励磁电流的增大），磁畴就逐渐转向到与外磁场相同的方向上，如图 5-41（b）所示。这样便产生了一个很强的与外磁场同方向的磁化磁场，而使磁性物质内的磁感应强度大大增加。这就是说磁性物质被强烈地磁化了。

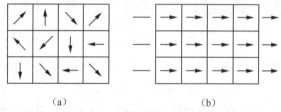

（a）　　　　　　　　　（b）

图5-41　磁性物质的磁化

磁性物质的这一磁性能被广泛地应用于电工设备中，例如电机、变压器及各种铁磁元件的线圈中都放有铁芯。在这种具有铁芯的线圈中通入不大的励磁电流，便可产生足够大的磁通和磁感应强度。这就解决了既要磁通大，又要励磁电流小的矛盾。利用优质的磁性材料可使同一容量的电机的重量和体积大大减轻和减小。

非磁性材料没有磁畴的结构，所以不具有磁化的特性。

2. 磁饱和性

磁性物质由于磁化所产生的磁化磁场，不会随着外磁场的增强而无限地增强。当外磁场（或励磁电流）增大到一定值时，全部磁畴的磁场方向转向与外磁场的方向一致。这时磁化磁场的磁感应强度 B 即达饱和值。

3. 磁滞性

当铁芯线圈中通有交变电流（大小和方向都变化）时，铁芯就受到交变磁化，在电流变化一次时，磁感应强度 B 随磁场强度 H 而变化的关系如图 5-42 所示。

由图可见，当 H 已减到零值时，B 并未回到零值。这种磁感应强度滞后于磁场强度变化的性质称为磁性物质的磁滞性。

当线圈中电流减到零值（即 $H=0$）时，铁芯在磁化

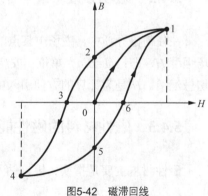

图5-42　磁滞回线

时所获得的磁性还未完全消失。这时铁芯中所保留的磁感应强度称为剩磁感应强度 B_r（剩磁），

在图 5-42 中即为纵坐标上线段 0-2 和 0-5，永久磁铁的磁性就是由剩磁产生的。又如自励直流发电机的磁极，为了使电压能够建立，也必须具有剩磁。但对剩磁也要一分为二，有时它是有害的。例如，当工件在平面磨床上加工完毕后，由于电磁吸盘有剩磁还将工件吸住，为此，要通入反向去磁电流，去掉剩磁，才能将工件取下。

如果要使铁芯的剩磁消失，通常改变线圈中励磁电流的方向，也就是改变磁场强度 H 的方向来进行反向磁化。使 $B=0$ 的 H 值在图 5-42 中用横坐标 0-3 和 0-6 代表，称为矫顽磁力 H_C。

在铁芯反复交变磁化的情况下，表示 B 与横坐标变化关系的闭合曲线 1234561 称为磁滞回线。磁性物质不同，其磁滞回线和磁化曲线也不同，这可由实验得出。

5.4.4　磁性材料的分类

实验表明，许多物质在磁场中都能或多或少地被磁化，只是磁化的程度不同，像铁那样能够被强烈磁化的物质叫铁磁性物质，或称铁磁性材料，这样的物质磁化后，它们的磁性并不因外磁场的消失而完全消失，仍然剩余一部分磁性。

铁磁性材料按磁化后去磁的难易可分为软磁性材料和硬磁性材料。

软磁材料具有较小的矫顽磁力，磁滞回线较窄，磁化后容易去磁。软磁性材料适用于需要反复磁化的场合，可以用来制造变压器、交流发电机、电磁铁、录音机磁头等。半导体收音机中绕线圈的"磁棒"和各种高频元件的"磁芯"，就是用软磁性的铁氧体制作的。

硬磁材料具有较大的矫顽磁力，磁滞回线较宽，磁化后不容易去磁。一般用来制造永久磁铁，常用的有碳钢、钨钢等。硬磁性材料适合制成永久磁铁，应用在磁电式仪表、扬声器、话筒等设备中。

5.4.5　磁性材料的居里点

19 世纪末，著名物理学家皮埃尔·居里（居里夫人的丈夫）在自己的实验室里发现磁石的一个物理特性，就是当磁石加热到一定温度时，原来的磁性就会消失。后来，人们把这个温度叫居里点。

铁磁物质被磁化后具有很强的磁性，但随着温度的升高，金属点阵热运动的加剧会影响磁畴磁矩的有序排列，当温度达到足以破坏磁畴磁矩的整齐排列时，磁畴被瓦解，平均磁矩变为零，铁磁物质的磁性消失变为顺磁物质，与磁畴相联系的一系列铁磁性质（如高磁导率、磁滞回线、磁致伸缩等）全部消失，相应的铁磁物质的磁导率转化为顺磁物质的磁导率。与铁磁性消失时所对应的温度即为居里点温度。

5.4.6　磁性材料在电饭锅中的应用

日常使用的电饭锅利用了磁性材料的居里点的特性。在电饭锅的底部中央装了一块磁铁和一块居里点为 103℃ 的磁性材料。

如图 5-43 所示，开始煮饭时，用手压下开关按钮，永磁体与感温磁体相吸，手松开后，按钮不再恢复到图示状态，则触点接通，电热板通电加热，水沸腾后，由于锅内保持 100℃不变，故感温磁体仍与永磁体相吸，继续加热，直到饭熟后，水分被大米吸收，锅底温度升高，当温度升至"居里点 103℃"时，感温磁体失去铁磁性，在弹簧作用下，永磁体被弹开，触点分离，切断电源，从而停止加热．

　　如果用电饭锅烧水，在水沸腾后因为水温保持在 100℃，故不能自动断电，只有水烧干后，温度升高到 103℃，才能自动断电。

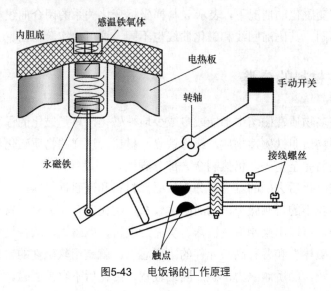

图5-43　电饭锅的工作原理

第6章
交流电路

我们已经学过了直流电，除了直流电，还有大小和方向都随时间周期性变化的电流，叫作交流电，交流发电机中所产生的电动势和音频信号发生器所输出的信号电压，都是随时间按正弦规律变化的，它们是常用的正弦电源。在生产和日常生活中应用的交流电，一般都是指正弦交流电，本章我们将进入此部分内容的学习。

|6.1 正弦交流电路基本知识|

6.1.1 正弦交流电的产生及变化规律

交流电和直流电相比，具有许多突出的优点。首先，交流电能够应用变压器方便地改变电压，使发电、输送、配电和用电既经济又安全。其次，交流发电机和电动机都比直流电机结构简单、成本低廉、坚固耐用、维护简便。此外，需要供给直流电的场合，可以应用整流装置把交流电变换成直流电。

1. 直流电流定义

直流电流是指电流方向不变的电流。一种是方向和大小均不变化的叫恒定直流电流，简称直流电。如常用的干电池、电子设备中经整流滤波后得到的直流电源。另一种是方向不变，大小变化，叫脉动直流电和脉冲直流电，如电子技术中的电信号多为此种电流。直流电流波形如图 6-1 所示。

2. 交流电流定义

交流电流是指电流方向变化的电流，也分为两种。一种是纯交流电，其正电流与负电流方向相反，但其平均值为零；另一种是非纯交流电流，其方向变化，但其平均值不为零。常见交流电流波形如图 6-2 所示。其中，正弦交流电是最简单、最常用的交流电流。

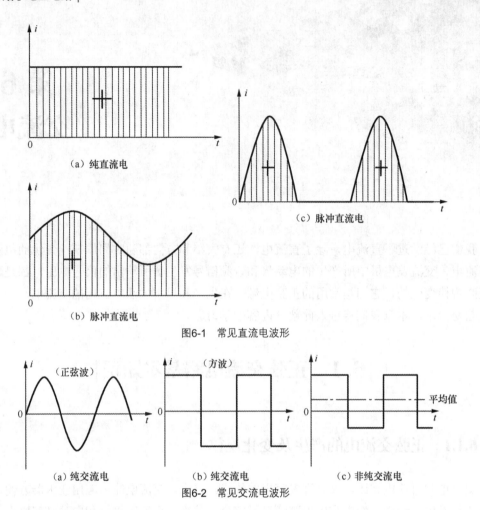

图6-1 常见直流电波形

图6-2 常见交流电波形

3. 正弦交流电的产生

正弦交流电流是最常用的电流，如我们日常用的照明电源用的就是正弦交流电，无线电技术中普遍用正弦交流电流。所有非正弦交流电都可以用很多正弦交流电流叠加而成，如电子琴能发出各种乐器的声音，就是利用这个原理组成的。无线电信号也多是利用这个原理合成各种无线电信号的。反过来，我们也可理解，一个非正弦交流电是由多个正弦交流电所组成的，这个概念极为重要，否则无法理解无线电技术的很多原理。

正弦交流电流的产生可分为两种：一是交流由发电机产生的正弦交流电流；另一种是无线电技术中常用的晶体三极管和电感电容组成的正弦波振荡器产生的正弦交流电流。下面简要分析发电机是如何产生正弦交流电的。

法拉第发现的电磁感应现象的一个重大应用是制成发电机，图 6-3 所示为最简单的交流发电机，当在匀强磁场中转动矩形线圈时，转动的速度慢时会发现灯泡一闪一闪的发光（快转时则不易看出闪亮），表明电路里产生了交流电。其实，我们日常生活中的电灯也是一闪一闪的，只不过每秒闪 50 次，看不到闪动而已。如果将发电机模型中的灯泡取下，连接上电流表，再慢慢旋转矩形线圈，可以看出，电流表指针忽大忽小、忽左忽右地摆动，这更形象地表明了电路里产生了交流电。

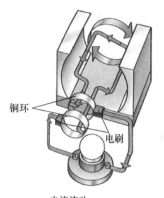

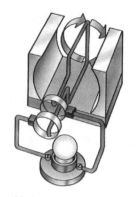

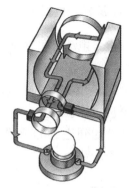

电流流动

当线圈在两个磁极间转动时，在转动的前半圈电流沿着电线流动

电流消失

当线圈转到一半的位置时，没有电流

电流反向

当线圈转到后半圈时，又产生电流了。这时，通过灯泡的电流方向改变，电流从相反的方向流回来。这种电流叫作交流电（或 AC）。

图6-3　最简单的交流发电机

重点提示：图 6-3 其实就是一个交流发电机的模型，实际的发电机结构比较复杂，但发电机的基本组成部分仍是线圈（通常叫电枢）和磁极。电枢转动、磁极不动的发电机，叫作旋转电枢式发电机。磁极转动，而电枢不动，线圈依然切割磁力线，电枢同样会产生感生电动势，这种发电机叫作旋转磁极式发电机。不论哪种发电机，转动的部分都叫转子，不动的部分都叫定子。旋转电枢式发电机，转子产生的电流必须经过裸露着的滑环和电刷引到外电路，如果电压很高，就容易发生火花放电，有可能烧毁电机，同时，电枢可能占有的空间也受到限制，线圈匝数不能很多，产生的感生电动势不能很高，这种发电机提供的电压一般不超过 500 伏。旋转磁极式发电机克服了上述缺点，能够提供几千到几万伏的电压，输出功率可达几十万千瓦，所以大型发电机都是旋转磁极式的。

发电机的转子是由蒸汽轮机、水轮机或其他动力机带动的，动力机将机械能传递给发电机，发电机把机械能转化为电能输送给外电路。

4．正弦交流电的变化规律

现在我们来研究正弦交流电的变化规律。

如图 6-4 所示，在静止的磁极 N 和 S 间，放着一个能转动的线圈 abcd，线圈的两端分别接到两个铜制滑环上，滑环固定在转轴上，并与转轴绝缘。每个滑环上安放着一个静止的电刷，用来把线圈中感应出来的正弦交流电动势和外电路接通。当线圈 abcd 在外力作用下，在磁场中以角速度 ω 匀速转动时，线圈的 ab 边切割磁力线，线圈中产生感生电动势。如果外电路是闭合的，闭合回路中将产生感应电流。ad 和 bc 边的运动不切割磁力线，不产生感应电动势。

设线圈从图 6-4（a）所示位置（设此时为 0°位置）开始，ab 边向左运动，cd 边向右运动，线圈平面垂直于磁感线，ab、cd 边此时的速度方向与磁感线平行，线圈中没有感应电动势，没有感应电流。

在线圈平面垂直于磁感线绕垂直磁感线轴转动时，各边都不切割磁感线，线圈中没有感

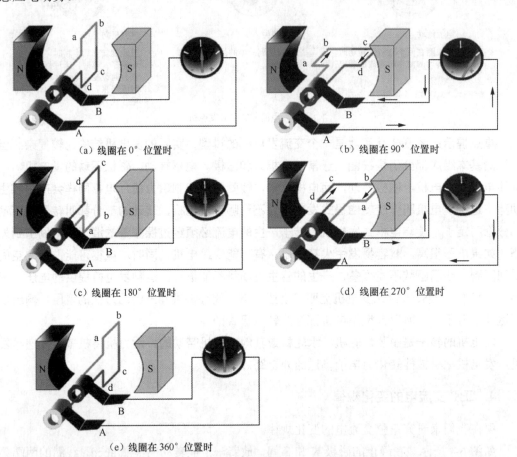

应电流，这样的位置叫作中性面。线圈在中性面位置时，磁通量Φ最大、磁通量变化率 $\dfrac{\Delta\Phi}{\Delta t}$ 最小，感应势电动势和感应电流均为零。

当线圈平面逆时针转过 90°时，如图 6-4（b）所示，即线圈平面与磁感线平行时，ab、cd 边的线速度方向都跟磁感线垂直，即两边都垂直切割磁感线，这时感应电动势最大，线圈中的感应电流也最大。

当线圈到达 180°位置时，如图 6-4（c）所示，此时，线圈又处于中性面位置，线圈中没有感应电动势。

（a）线圈在 0°位置时

（b）线圈在 90°位置时

（c）线圈在 180°位置时

（d）线圈在 270°位置时

（e）线圈在 360°位置时

图6-4 线圈旋转

当线圈到达 270°位置时，如图 6-4（d）所示，此时，ab、cd 边的瞬时速度方向跟线圈经过 90°位置时的速度方向相反，产生的感应电动势方向也跟在 90°位置时相反。

当到达 360°位置时，如图 6-4（e）所示，线圈回到起始位置，与 0°位置相同，线圈中没有感应电动势。

图 6-5 所示的是转动线圈的前视图和截面图，标 a 的小圆圈表示线圈 ab 边的横截面，标 d 的小圆圈表示线圈 cd 边的横截面，假定线圈平面从中性面开始转动，角速度是ω（弧度/秒），经过时间 t，线圈转过的角度是ωt，ab 边的线速度的方向跟磁力线方向间的夹角也等于ωt，设 ab 边的长度是 L，磁感应强度是 B。ab 边中的感生电动势就是 $e_{ab}=BLv\sin\omega t$，cd 边中

的感生电动势跟 ab 边中的大小相同，而且两边又是串联的，所以这一瞬间整个线圈中的感生电动势 e 可用下式表示：

$$e=2BLv\sin\omega t$$

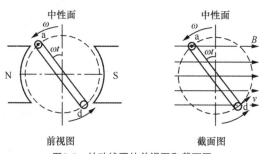

图6-5　转动线圈的前视图和截面图

当线圈平面转到跟磁力线平行的位置时，ab 边和 cd 边的线速度方向都跟磁感线垂直，两边都垂直切割磁感线，这时，$\omega t=\dfrac{\pi}{2}$，$\sin\omega t=1$，感生电动势最大，用 E_m 表示，即 $E_m=2BLv$，把它代入 $e=2BLv\sin\omega t$，就得到：

$$e=E_m\sin\omega t$$

式中的 e 随着时间而变化，不同时刻有不同的数值，叫作电动势的瞬时值，E_m 叫作电动势的最大值。上式表明，电动势是按照正弦规律变化的。

这时电路中电流强度也是按照正弦规律变化的，设整个闭合电路的电阻为 R，电流的瞬时值为 $i=\dfrac{e}{R}=\dfrac{E_m}{R}\sin\omega t$，其中 $\dfrac{E_m}{R}$ 是电流的最大值，用 I_m 表示，所以：

$$i=I_m\sin\omega t$$

外电路中一段导线上的电压同样是按照正弦规律变化的。设这段导线的电阻为 R'，电压的瞬时值 $u=iR'=I_mR'\sin\omega t$，其中 I_mR' 是电压的最大值，用 U_m 表示，所以：

$$u=U_m\sin\omega t$$

上述各式都是从线圈平面跟中性面重合的时刻开始计时的，如果不是这样，而是如图 6-6 所示，从线圈平面跟中性面有一夹角 ϕ 时开始计时，那么，经过时间 t，线圈平面跟中性面间的角度是 $\omega t+\phi$，感生电动势的公式就变成：

$$e=E_m\sin（\omega t+\phi）$$

电流和电压的公式分别变成：

$$i=I_m\sin（\omega t+\phi）$$
$$u=U_m\sin（\omega t+\phi）$$

从以上可以看出，e、i、u 都是按照正弦规律变化的，这种按照正弦规律变化的交流电叫作正弦交流电，正弦交流电是一种最简单而又最基本的交流电。

交流电的变化规律也可以用图像直观地表示出来，图 6-7 所示的是交变电动势 $e=E_m\sin\omega t$ 的图像，图像上方画出了对应于交变电动势等于零或正、负最大值时的线圈位置。

图 6-8 所示的是交变电流 $i=I_m\sin（\omega t+\phi）$ 或交变电压 $u=U_m\sin（\omega t+\phi）$ 的图像。

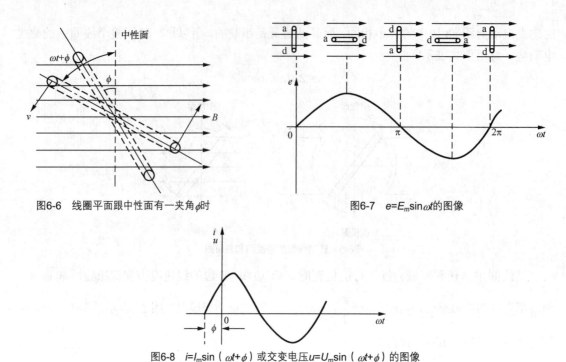

图6-6　线圈平面跟中性面有一夹角ϕ时　　　　　图6-7　$e=E_m\sin\omega t$的图像

图6-8　$i=I_m\sin(\omega t+\phi)$或交变电压$u=U_m\sin(\omega t+\phi)$的图像

6.1.2　正弦交流电的三要素

稳恒电流不随时间而变化，要描述电路中的电流或电压，只要指出电流强度或电压的数值就够了；交流电则不然，交流电的电流或电压、大小和方向都随时间周期性的变化，通常把正弦交流电的最大值、角频率、初相位叫作正弦交流电的三要素。除此之外，再简要介绍一些和三要素相关的物理量。

1．瞬时值、最大值、有效值和平均值

（1）瞬时值

瞬时值对应某一时刻的交流的值，瞬时值一般用小写字母表示，如 e、i、u 分别表示电动势、电流和电压的瞬时值。

（2）最大值

交流电的最大值是交流电在一周期内所能达到的最大数值，可以用来表示交流电的电流强弱或电压高低，在实际中有重要意义，例如把电容器接在交流电路中，就需要知道交变电压的最大值，电容器所能承受的电压要高于交变电压的最大值，否则电容器可能被击穿。

最大值也称峰值，一般用大写字母 E、I、U 和下标 m 表示，如 E_m、I_m、U_m 分别表示电动势、电流和电压的最大值。

（3）有效值

在直流电路中，流过电阻的电流要做功，发热发光。电流做的功 $W=Pt$。例如 1kW（千瓦）电炉的电阻为 $R=48.4\Omega$，加上 220V 直流电压，其电功率为 $P=U^2/R=220^2/48.4=1\text{kW}$，加热 1h（小时）所做的功为 $W=1\text{kW}\cdot\text{h}$(千瓦·小时)＝1 度电$=3.6\times10^6\text{J}$(焦耳)。

若使用市电 50Hz（赫兹）正弦交流电，同样能使电炉发热。但是交流电流方向在不断变化，而且大小也在零和最大值之间变化着。电炉的电阻丝发热只与电流大小有关系，电流大时发热多，电流小时发热少，而与电流方向无关，我们之所以没有感觉到电炉忽冷忽热，是因为它有一定的热惯性，对每秒钟方向变化 100 次（50Hz）的速度反应不过来。白炽热灯也同样感觉不到忽明忽暗。为了明确表示交流电做功的度量与直流电做功相一致，定义了交流电的有效值。

交流电的有效值是根据电流热效应来规定的，让交流电和直流电通过相同阻值的电阻，如果它们在相同时间内产生的热量相等，就把这一直流电的数值叫作这一交流电的有效值。例如，某一交变电流通过一段电阻丝，在一段时间内产生的热量为 Q，如果改用 3A 的直流电通过这段电阻丝，在相同的时间内产生的热量也为 Q，那么，这一交变电流的有效值就是 3A。交流电压的有效值可以用同样的方法来确定。通常用 I 和 U 分别表示交变电流和电压的有效值，这样，知道了交流电的有效值，很容易求出交流电通过电阻时产生的热量。设电流的有效值为 I，电阻为 R，在时间 t 内产生的热量 $Q=I^2Rt$。这跟直流电路中焦耳定律的形式完全相同，所不同的是在交流电中电流要用有效值。

进一步的计算表明，正弦交流电的有效值与最大值之间有如下的关系：

$$U=\frac{U_m}{\sqrt{2}}$$

$$I=\frac{I_m}{\sqrt{2}}$$

我们通常说照明电路的电压是 220V，便是指有效值，其峰值（最大值）为 $U_m=\sqrt{2}\times 220=311V$。所有交流电压表或交流电流表的刻度或数字显示值均为正弦交流电的有效值。各种使用交流电的电气设备上所标的额定电压和额定电流的数值，一般交流电流表和交流电压表测量的数值，也都是有效值。以后提到交流电的数值，凡没有特别说明的，都是指有效值。测量和计算正弦交流电问题时，一旦采用有效值后，完全可以使用直流电路的欧姆定律、基尔霍夫定律等电学定律。

正弦交流的有效值和峰值之间具有 $U=\frac{U_m}{\sqrt{2}}$、$I=\frac{I_m}{\sqrt{2}}$ 的关系，非正弦（或余弦）交流无此关系，但可按有效值的定义进行推导，如对于正负半周最大值相等的方波电流，其热效应和与其最大值相等的恒定电流是相同的，因而其有效值等于其最大值，即 $I=I_m$。

（4）平均值

由于正弦交流量的波形是对称的，所以，一个周期内交流量的平均值等于零，为此，像图 6-9 那样，对交流波形从 0 到 π 的正半周期取平均，把取平均的值称为交流量的平均值，用 E_{av}、I_{av}、U_{av} 分别表示交流电动势、交流电流、交流电压的平均值。

正弦交流量的平均值和最大值之间有如下关系：

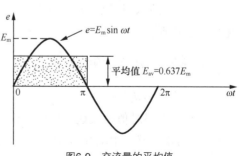

图6-9　交流量的平均值

$$E_{av} = \frac{2}{\pi} E_m$$

$$I_{av} = \frac{2}{\pi} I_m$$

$$U_{av} = \frac{2}{\pi} U_m$$

2. 周期、频率和角频率

（1）周期和频率

跟别的周期性过程一样，交流电也要用周期或频率来表示变化的快慢，在图 6-4 所示的实验里，线圈匀速转动一周，电动势、电流都按正弦规律变化一周，我们把交流电完成一次周期性变化所需的时间，叫作交流电的周期，通常用 T 表示，单位是秒（s），除秒之外，还有毫秒（ms）、微秒（μs）和纳秒（ns），它们的换算关系如下：

$$1s = 10^3 ms = 10^6 \mu s = 10^9 ns$$

交流电在 1 秒钟内完成周期性变化的次数，叫作交流电的**频率**，通常用 f 表示，单位是赫兹（Hz），除赫兹之外，还有千赫（kHz）、兆赫（MHz）和吉赫（GHz），它们的换算关系如下：

$$1Hz = 10^{-3} kHz = 10^{-6} MHz = 10^{-9} GHz$$

根据定义，周期和频率的关系是：

$$T = \frac{1}{f} \text{ 或} f = \frac{1}{T}$$

我国工农业生产和生活用的交流电，习惯上称为工频或市频，频率是 50Hz，周期是 0.02s，角频率是 314 rad/s，有些国家的工频是 60Hz。除工频外，不同的技术领域还使用其他的频率。

（2）角频率

在 $i = I_m \sin(\omega t + \phi)$ 中，ω 是线圈转动的角速度，表示单位时间内角度的变化量，所以：

$$\omega = \frac{2\pi}{T} = 2\pi f$$

我们把 ω 称为角频率，单位是 rad/s（弧度/秒）。

角频率（ω）、周期（T）、频率（f）三个量只有一个是独立量，它们都是反映交流电变化快慢的物理量。

3. 相位、初相位和相位差

（1）相位和初相位

从交流电瞬时值的表达式可以看出，交流电瞬时值何时为零，何时最大，不是简单地由时间 t 来确定，而是由 $\omega t + \phi$ 来确定的。这个相当于角度的量 $\omega t + \phi$ 对于确定交流电的大小和方向起着重要作用，叫作交流电的相，又叫相位。ϕ 是 $t = 0$ 时的相，叫作初相，在交流电中，相位这个物理量可以用来比较交流电的变化步调，决定正弦量在计时起点，其单位是"弧度"（rad），初相位与计时起点有关，如图 6-10 所示，若起点取在 A 处，电压的初相位ϕ为 0°；若起点取在 B 处，电压的初相位ϕ为 90°。

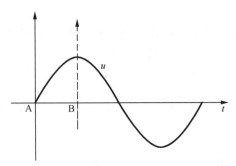

图6-10 初相位与起点的关系

初相位可以是一个任意数，可正可负，但习惯上常取初相位的绝对值小于 π，如图 6-11 所示。

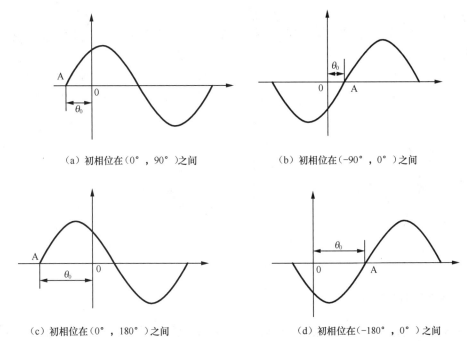

（a）初相位在（0°，90°）之间

（b）初相位在（-90°，0°）之间

（c）初相位在（0°，180°）之间

（d）初相位在（-180°，0°）之间

图6-11 初相位的确定方法

（2）相位差

两个交流电的相位之差叫作它们的相差，又叫相位差，用 $\Delta\phi$ 来表示。如果交流电的频率相同，相差就等于初相位之差，例如，有两个正弦交流电压 e_1 和 e_2，设其相位分别为（$\omega t+\phi_1$）和（$\omega t+\phi_2$）。

则 e_1 和 e_2 的相位差为：

$$\Delta\phi=（\omega t+\phi_1）-（\omega t+\phi_2）=\phi_1-\phi_2$$

当 $\Delta\phi>0$ 时，e_1 比 e_2 先到达正的最大值、零或负的最大值，这时我们说 e_1 比 e_2 超前 $\Delta\phi$

角，或者说 e_1 的初相位大于 e_2 的初相位。

当 $\Delta\phi<0$ 时，说明 e_1 的相位滞后于 e_2 的相位。

当 $\Delta\phi=0$ 时，即 e_1 和 e_2 变化步调一致，同时到达零和正负最大值，这种情况叫作同相位，也称同相。

当 $\Delta\phi=180°$（π）时，这种情况叫作 e_1 和 e_2 反相，即这两个交流电的变化步调恰好相反：一个到达正的最大值，另一个恰好到达负的最大值；一个减小到零，另一个恰好增大到零。

当 $\Delta\phi=90°$（$\dfrac{\pi}{2}$）时，这种情况叫作 e_1 和 e_2 正交，其特点是当 e_1 达到最大值时，e_2 刚好是零。

以上几种情况如图 6-12 所示。

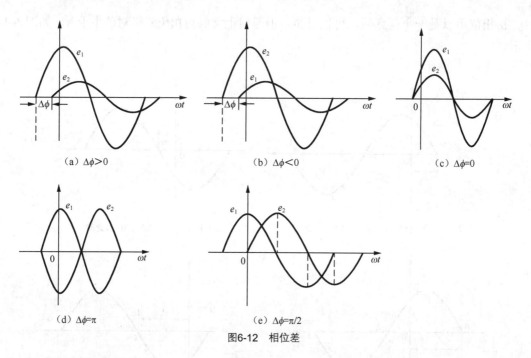

(a) $\Delta\phi>0$ (b) $\Delta\phi<0$ (c) $\Delta\phi=0$

(d) $\Delta\phi=\pi$ (e) $\Delta\phi=\pi/2$

图6-12　相位差

4. 正弦波形的绘制

如图 6-13 所示为某一正弦电压或电流，要描述该正弦波，只要振幅（最大值）、周期（角频率）和初相位这三个物理量确定，这个正弦波也就确定了。分析正弦交流电的问题，实质上就是计算这三个要素的问题。在实际问题中，通常角频率是已知的，因此只要计算幅值和初相位即可。

下面举一示例说明：画正弦波形时，既可以用时间 t 为横坐标，也可以用 ωt 为横坐标。已知正弦电流 i 的幅值为 5A，频率 $f=50$Hz，初相位 $\phi=-60°$，求：（1）该电流的周期和角频率；（2）电流 i 的函数表达式，并画出波形图。

（1）电流的周期和角频率为：$T=\dfrac{1}{f}=\dfrac{1}{50}=0.02(\text{s})$

$$\omega=2\pi f=2\times3.14\times50=314\mathrm{rad/s}$$

（2）电流 i 的函数表达式为：

$$i=I_\mathrm{m}\sin（\omega t+\phi）=5\sin（314t-60°）$$

根据 i 的函数表达式画出波形图如图 6-14 所示。

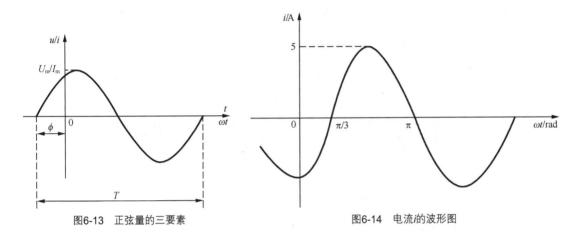

图6-13　正弦量的三要素　　　　　　　　　图6-14　电流 i 的波形图

6.1.3　正弦交流电的表示法

正弦交流电通常可用函数法（解析式表示法）、图像法和向量法这三种方法进行表示。

1. 函数法

函数法是一种利用三角函数式表示交流电特征的方法，如前面介绍的交流电的电动势 $e=E_\mathrm{m}\sin（\omega t+\phi）$、电流 $i=I_\mathrm{m}\sin（\omega t+\phi）$ 和电压 $u=U_\mathrm{m}\sin（\omega t+\phi）$ 的瞬时值表达式就采用了函数法。

2. 图像法

交流电还可以通过与解析式对应的图像来表示，如图 6-15 所示，其最大值、周期、初相位以及任一时刻的瞬时值都可以在图像中表示出来。

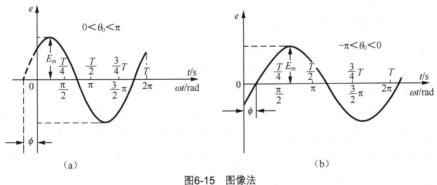

（a）　　　　　　　　　　　　　　　　（b）

图6-15　图像法

3. 相量图表示法

如图 6-16 所示，从直角坐标原点出发做一有向线段 I_m，它的长度等于正弦量的最大值 I_m，它与横轴的夹角等于正弦量的初相位 ϕ，并以正弦量角频率 ω 逆时针旋转，则在任一瞬间，该有向线段 I_m 在纵轴上的投影就等于该正弦量的瞬时值，即：

$$i=I_m\sin(\omega t+\phi)$$

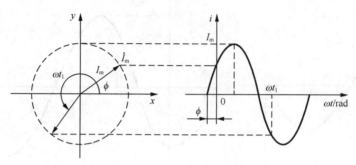

图6-16　用旋转有向线段表示正弦量

由于正弦量的三要素在旋转的有向线段中均有一一对应关系，因此正弦交流电可以用旋转的有向线段来表示。但是，在同频率正弦量的电路分析中，正弦量的表示只需大小和相位两个要素，因此有向线段 I_m，即可代表正弦电流 $i=I_m\sin(\omega t+\phi)$。例如，在 $t=0$ 时，$i_0=I_m\sin\phi$，在 $t=t_1$ 时，$i_1=I_m\sin(\omega t_1+\phi)$。

按上图画旋转有向线段表示正弦量是烦琐的，通常只用初始位置（$t=0$）的有向线段 $\dot{I}_m$ 表示一正弦量，它的长度等于正弦量的幅值，它与横轴正方向的夹角等于正弦量的初相位，如图 6-17（a）所示。但是，我们应该具有这样的概念：这个有向线段是以角频率作逆时针方向旋转的，它在纵轴上的投影表示正弦量的瞬时值。在实际问题中，我们所涉及的往往是正弦量的有效值，因此，为了方便起见，常使有向线段的长度等于正弦量的有效值，如图 6-17（b）所示的 $\dot{I}$。显然，它在纵轴上的投影就不能代表正弦量的瞬时值了。

我们把用具有大小和方向的有向线段来表示正弦量的方法，称为正弦量的相量图表示法。具有大小和方向特性的有向线段称为相量，用大写字母加黑点符号"."来表示。

采用相量图来表示正弦量的幅值和初相时，一般以横轴 ox 的正方向为参考，相量与 ox 正方向的

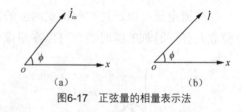

图6-17　正弦量的相量表示法

夹角表示初相，自横轴 ox 的正方向起，逆时针旋转相位角度为正，顺时针旋转相位角度为负。相量的长度表示正弦量的有效值（或最大值）。

在相量图上能够清楚地看出各个正弦量在大小和相位上的关系。例如，图 6-18（a）为正弦交流电压 u 和电流 i 波形图，根据波形图的正弦量的大小和相位画出相位图如图 6-18（b）所示。从相量图中可以看出 u 超前 i 的相位为 $\Delta\phi$。可见，用相量图分析交流电路各电量的关系，概念既清晰，又简明实用。

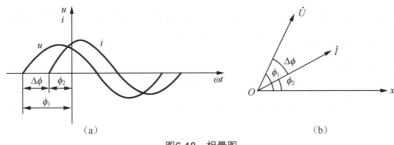

图6-18　相量图

需要说明的是，只有正弦周期量才能用相量图表示，相量图不能表示非正弦周期量，只有同频率正弦量才能画在同一相量图上，不同频率的正弦量不能画在同一相量图上。

|6.2　电阻、电感和电容交流电路|

6.2.1　纯电阻电路

1. 纯电阻电路中电压与电流的关系

交流电路中如果只有电阻，这种电路就叫作纯电阻电路，如图 6-19 所示。白炽电灯、电炉、电烙铁等的电路，就是纯电阻电路。

在纯电阻电路中，在任一时刻电流跟电压的关系都服从欧姆定律。设电阻值为 R，加在它上面的交变电压是 $u=U_\mathrm{m}\sin\omega t$，通过这个电阻的电流的瞬时值为：

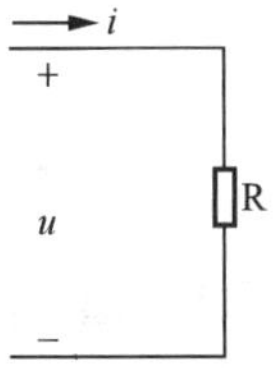

$$i = \frac{u}{R} = \frac{U_\mathrm{m}}{R}\sin\omega t = I_\mathrm{m}\sin\omega t$$

图6-19　纯电阻电路

式中，$I_\mathrm{m}=\dfrac{U_\mathrm{m}}{R}$，如果都换用有效值，应得到：

$$I = \frac{U}{R}$$

这就是纯电阻电路中欧姆定律的表达式，这个表达式跟直流电路中欧姆定律的形式完全相同，所不同的是在交流电路中电压和电流要用有效值。

2. 纯电阻电路中电压与电流的相位关系

在纯电阻电路中，电流和电压是同相的，即电阻对电流和电压的相位关系没有影响。

3. 电阻元件的功率消耗

（1）瞬时功率

在纯电阻交流电路中，当电流 i 流过电阻 R 时，电阻上要产生热量，把电能转化为热能，电阻上必然有功率消耗。由于流过电阻的电流和电阻两端的电压都是随时间变化的，所以电阻 R 上消耗的功率也是随时间变化的。电阻中某一时刻消耗的电功率叫作瞬时功率，它等于电压 u 与电流 i 瞬时值的乘积，并用小写字母 p 表示，即：

$p = p_R = ui = I_m U_m \sin^2 \omega t$，根据最大值和有效值的关系，可得：

$$p = UI\,(1 - \cos^2 \omega t)$$

上式表明：在任何瞬时，恒有 $p \geq 0$，说明电阻吸收功率，它是一种耗能元件。

（2）平均功率

瞬时功率虽然表明了电阻中消耗功率的瞬时状态，但不便于表示和比较大小，所以，工程中常用瞬时功率在一个周期内的平均值表示功率，称为平均功率，用大写字母 P 表示，平时所说的功率大多数是指平均功率，所以将"平均"二字省去，简称为功率。经计算可知，平均功率 P 为：

$$P = UI = I^2 R = \frac{U^2}{R}$$

我们看到，在纯电阻电路中，平均功率的表达式跟直流电路中的形式完全相同，所不同的是在交流电路中电流和电压要用有效值。

下面举一示例说明：有一个额定值为 220V、1000W 的电阻炉，接在 220V 的交流电源上，求通过电阻炉的电流和它的电阻。如果连续使用 1 小时，所消耗的电能是多少？

解：

$$I = \frac{P}{U} = \frac{1000}{220} = 4.55\text{A}$$

$$R = \frac{U^2}{P} = \frac{220^2}{1000} = 48.4\Omega$$

$$W = Pt = 1000\text{W} \cdot \text{h} = 1\text{度}$$

注意事项：瞬时功率和平均功率的公式只适用于纯电阻电路，不适用于其他交流电路，在其他交流电路中有类似的公式，下面就会学到。

6.2.2　纯电感电路

在直流电路中，影响电流跟电压关系的只有电阻，在交流电路中，情况要复杂一些，影响电流跟电压关系的，除了电阻，还有电感和电容。

在电工技术中，变压器、电磁铁等的线圈，一般是用铜线绕的。铜的电阻率很小，在很多情况下，线圈的电阻比较小，可以忽略不计，而认为线圈只有电感。只有电感的电路叫纯电感电路，如图 6-20 所示。

1. 电感对交流电的阻碍作用

如图 6-21 所示，把电感线圈 L 和白炽灯泡串接在电路里。利用双刀双掷开关 K 可以分别把这个电路接到直流电源或交流电源上。实验中取直流电压和交变电压的有效值相等，实验表明，接通直流电源时，灯泡亮些；接通交流电源时，灯泡变暗。这表明电感对交流电有阻碍作用。

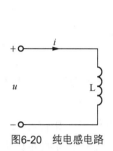

图6-20 纯电感电路

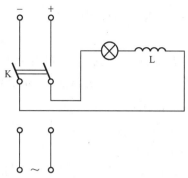

图6-21 电感对交流电的阻碍作用

为什么电感对交流电有阻碍作用呢？交流电通过电感线圈时，电流时刻在改变，电感线圈中必然产生自感电动势，阻碍电流的变化，这样就形成了对电流的阻碍作用。

我们知道，电感对交流电阻碍作用的大小叫作感抗，感抗与电感 L 和频率 f 成正比，其表达式为：

$$X_L=2\pi fL$$

现在我们用图 6-22 所示的电路来研究纯电感电路中电流跟电压的关系，电路中的 L 是电阻可以略去不计的电感线圈，改变交流电源的电压，通过 L 的电流就随着改变。记下几组相应的电流和电压的数值，就会发现，在纯电感电路中，电流强度跟电压成正比，即 $I\propto U$。用 $\dfrac{1}{X_L}$ 作为比例恒量，写成等式，就得到：

$$I=\frac{U}{X_L}$$

这就是纯电感电路中欧姆定律的表达式。把这个表达式跟 $I=\dfrac{U}{R}$ 相比，可以看出 X_L 相当于电阻 R，X_L 表示出电感对交流电阻碍作用的大小。

2. 纯电感电路中电压与电流的相位关系

在纯电感线圈两端，加上交流电压 u，线圈中必定要通过一交流电流，由于电流时刻在变化，因而，线圈中就会产生自感电动势来阻碍电流的变化。因此，线圈中电流的变化要滞后于线圈两端外加电压的变化。

当线圈中通过交流电流 i 时，其中产生自感电动势为 e_L，设电流 i、自感电动势 e_L 和电压 u 的正方向如图 6-23（a）所示。

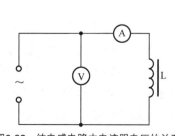

图6-22 纯电感电路中电流跟电压的关系

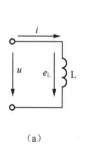

(a)

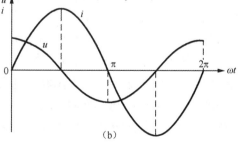

(b)

图6-23 电感元件上的交流电路

根据基尔霍夫电压定律得：

$$u=-e_L$$

设电流 $i=I_m\sin\omega t$，经过推算，可得电压 u 的瞬时表达式为：

$$u=I_m\omega L\sin(\omega t+90°)=U_m\sin(\omega t+90°)$$

式中，$U_m=I_m\omega L$，即 $U_m=I_mX_L$

可见，纯电感电路中，在相位上，电流比电压滞后 $90°$，表示电压 u 与电流 i 的正弦波形如图 6-23（b）所示。

在这里，或许有人会问，既然电压 u 与自感电动势 e_L 大小相等而相位相反，即 $u=-e_L$，为什么还会有电流呢？首先我们应该注意，自感电动势本身是由于电流的变化而产生的，如果没有电流，当然也就不会产生自感电动势。所谓 u 与 e_L 大小相等相位相反，这只是说明由于自感电动势具有阻碍电流变化的性质，电源电压必须去平衡它。

重点提示：感抗只是电压与电流的幅值或有效值之比，而不是它们的瞬时值之比，即 $X_L\neq\dfrac{u}{i}$，因为电感电路与电阻电路不一样，在纯电感电路中，电压与电流之间不成比例关系，例如，如设电压 $u=U_m\sin\omega t$，则电流为 $i=\dfrac{U_m}{X_L}\sin(\omega t-90°)=I_m\sin(\omega t-90°)$。

我们知道，电阻是由导体本身的电阻率、长度和横截面积决定的，跟通过的电流无关，$X_L=2\pi fL$ 告诉我们，感抗跟通过的电流的频率有关。例如，自感系数是 1H 的线圈，对于直流电，$f=0$，$X_L=0$；对于 50 赫的交流电，$X_L=314$ 欧；对于 500 千赫的交流电，$X_L=3.14$ 兆欧。所以电感线圈在电路中有"通直流、阻交流"或"通低频、阻高频"的特性。在电工和电子技术中，用来"通直流、阻交流"的电感线圈，叫低频扼流圈。线圈绕在闭合的铁芯上，匝数为几千甚至超过一万，自感系数为几十亨。这种线圈对低频交流电就有很大的阻碍作用。用来"通低频、阻高频"的电感线圈，叫高频扼流圈。线圈有的绕在圆柱形的铁氧体心上，有的是空心的，匝数为几百，自感系数为几个毫亨。这种线圈对低频交流电的阻碍作用较小，对高频交流电的阻碍作用很大。

3. 纯电感电路功率消耗

（1）瞬时功率

设电流 $i=I_m\sin\omega t$，$u=U_m\sin(\omega t+90°)$，经推算，瞬时功率为：

$$p=UI\sin^2\omega t$$

由上式可见，瞬时功率 p 是一个幅值为 UI，并以 2ω 的角频率随时间而变化的交变量，其变化波形如图 6-24 所示。

在第一个和第三个 1/4 周期内，p 是正的（u 和 i 正负相同），在第二个和第四个 1/4 周期内，p 是负的（u 和 i 一正一负）。瞬时功率的正负可以这样来理解：当瞬时功率为正值时，外电路处于用电状态，它从电源取用电能；当瞬时功率为负值时，外电路处于发电状态，它把电能归还电源。电感元件的交流电路中，在第一个和第三个 1/4 周期内，电流值在增大，即磁场在建立，电感线圈从电源取用电能，并转换为磁能而储存在线圈的磁场内；在第二个和第四个 1/4 周期内，电流值在减小，即磁场在消失，线圈放出原先储存的能量并转换为电能而归还给电源，这是一种可逆的能量转换过程。在这里，线圈从电源取用的能量一定等于它归还给电源的能量。因为已假定电路中的电阻很小，可以忽略不计，也就是说电路中没有消耗能量的东西。

（2）无功功率和有功功率

在纯电感电路中，平均功率 $P=0$，关于这一点，从瞬时功率的波形中也容易看出。

从上述可知，在电感元件的交流电路中，没有能量消耗，只有电源与电感元件间的能量互换。这种能量互换的规模，我们用无功功率 Q_L 来衡量。我们规定无功功率等于瞬时功率 p 的幅值，即：

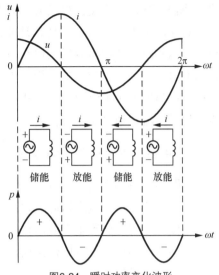

图6-24 瞬时功率变化波形

$$Q_L=UI=I^2X_L$$

无功功率的单位是乏（var）或千乏（kvar）。

应当指出，电感元件和后面将要讲的电容元件都是储能元件，它们与电源间进行能量互换是工作所需。这对电源来说，也是一种负担，但对储能元件本身说，没有消耗能量，故命名为无功功率。因此，平均功率也可称为有功功率。

下面举一示例说明：一个线圈的电感 $L=350mH$，其电阻可忽略不计，接至频率 50Hz、电压为 220V 的交流电源上。求电流与无功功率 Q_L 是多少？若保持电源电压不变，电源频率为 5000Hz 时，线圈中的电流与无功功率又是多少？

当 f =50Hz 时

$$X_L=2\pi fL=2\times3.14\times50\times0.35=110\Omega$$

$$I=\frac{U}{X_L}=\frac{220}{110}=2A$$

$$Q_L=I^2X_L=2^2\times110=440var$$

当 f =5000Hz 时

$$X_L=2\pi fL=2\times3.14\times5000\times0.35=11000\Omega$$

$$I=\frac{U}{X_L}=\frac{220}{11000}=0.02A$$

$$Q_L=I^2X_L=0.02^2\times11000=4.4var$$

6.2.3　纯电容电路

只接有电容器的电路，连接导线的电阻一般都很小，可以略去不计，而认为电路中只有电容，只有电容的电路叫纯电容电路。

1. 交流电能够通过电容器

如图 6-25 所示，把白炽灯泡和电容器串联在电路里，如果接通直流电源，灯泡不亮，说明直流电不能通过电容器。如果接通交流电源，灯泡就亮了，说明交流电能够"通过"电容器。我们看到，这里交流电又表现出跟直流电不同的特性。

直流电不能通过电容器是容易理解的，交流电为什么能够"通过"电容器呢？原来，电流实际上并没有通过电容器的电介质，只不过在交变电压的作用下，当电源电压升高时，电容器充电，电荷向电容器的极板上集聚，形成充电电流；当电源电压降低时，电容器放电，电荷从电容器的极板上放出，形成放电电流。电容器交替进行充电和放电，电路中就有了电流，似乎交流电通过了电容器。

2. 电容对交流电的阻碍作用

在图 6-26 的实验中，如果把电容器从电路中取下来，使灯泡直接与交流电源相接，可以看到，灯泡要比接有电容器时亮得多，这表明电容也对交流电有阻碍作用。

为什么电容对交流电有阻碍作用呢？原来，对导线中形成电流的自由电荷来说，当电源的电压推动它们向某一方向做定向运动的时候，电容器两极板上积累的电荷却反抗它们向这个方向做定向运动，这就产生了电容对交流电的阻碍作用。

我们知道，电容对交流电阻碍作用的大小叫作容抗，容抗的大小 X_C 跟频率 f 和电容容量 C 成反比，其表达式为：

$$X_C = \frac{1}{2\pi fC}$$

现在我们用图 6-26 所示的电路来研究纯电容电路中电流跟电压的关系，改变电路两端的电压，电路中的电流就随着改变，记下几组相应的电流和电压的数值，就会发现，在纯电容电路中，电流强度跟电压成正比，即 $I \propto U$。用 $\frac{1}{X_C}$ 作为比例恒量，写成等式，就得到：

$$I = \frac{U}{X_C}$$

这就是纯电容电路中欧姆定律的表达式，把这个表达式跟 $I = \frac{U}{R}$ 相比，可以看出 X_C 相当于电阻 R，X_C 表示出电容对交流电阻碍作用的大小。

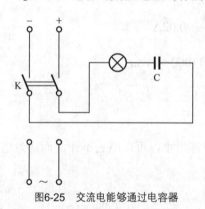

图6-25 交流电能够通过电容器   图6-26 纯电容电路中电流跟电压的关系

课外阅读：隔直电容器和旁路电容器

从前面分析中我们知道，容抗跟通过的电流的频率有关，即容抗与频率成反比，频率越高，容抗越小。例如，10μF 的电容器，对于直流电，$f=0$，X_C 为 ∞；对于 50Hz 的交流电，$X_C=318Ω$；对于 500kHz 的交流电，$X_C=0.0318Ω$，所以电容器在电路中有"通交流、隔直流"或"通高频、阻低频"的特性。这种特性，使电容器成为电子技术中的一种重要元件。

在电子技术中，从某一装置输出的电流常常既有交流成分，又有直流成分，如果只需要把交流成分输送到下一级装置，只要在两级电路之间串联一个电容器，如图 6-27（a）所示，就可以使交流成分通过，而阻止直流成分通过。这种用途的电容器叫作隔直电容器。隔直电容器的电容一般较大。

在电子技术中，从某一装置输出的交流电中常常既有高频成分，又有低频成分。如果只需要把低频成分输送到下一级装置，只要在下一级电路的输入端并联一个电容器，如图 6-27（b）所示，就可以达到目的。电容器对高频成分的容抗小，对低频成分的容抗大，高频成分就通过电容器，而使低频成分输入到下一级，这种用途的电容器叫作高频旁路电容器。高频旁路电容器的电容一般较小。

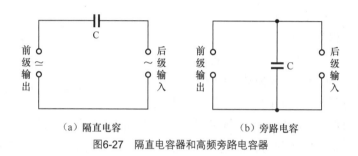

（a）隔直电容　　　　　　　　　（b）旁路电容

图6-27　隔直电容器和高频旁路电容器

3. 纯电容电路中电压与电流的相位关系

图 6-28（a）是一个电容元件与正弦电源联结的电路，电路中电流 i 和电容器两端的电压 u 的正方向如图中所示。

当电压发生变化时，电容器极板上的电量也要随着发生变化，在电路中就引起电流，如果在电容器两端加上一正弦电压 $u=U_m\sin\omega t$，经过推算可得：

$$i=I_m\sin(\omega t+90°)$$

式中，$I_m=U_m\omega C$。可见，纯电容电路中，在相位上，电流比电压超前 90°，表示电压 u 与电流 i 的正弦波形如图 6-28（b）所示。

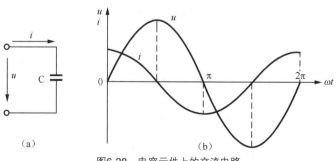

图6-28　电容元件上的交流电路

4. 纯电容电路功率消耗

（1）瞬时功率

设电流 $u=U_m\sin\omega t$，$i=I_m\sin（\omega t+90°）$，经推算，瞬时功率为：

$$p=UI\sin2\omega t$$

由上式可见，瞬时功率 p 是一个幅值为 UI，并以 2ω 的角频率随时间而变化的交变量，其变化波形如图 6-29 所示。

在第一个和第三个 1/4 周期内，电压值在增高，就是电容元件在充电，这时，电容元件从电源取用电能而储存在它的电场中，所以 p 是正的。在第二个和第四个 1/4 周期内，电压值在降低，就是电容元件在放电，这时，电容元件放出在充电时储存的能量，把它归还给电源，所以 p 是负的。

（2）无功功率和有功功率

在纯电容电路中，平均功率 $P=0$，即有功功率等于 0。关于这一点，从瞬时功率的波形中也容易看出。这说明电容元件是不消耗能量的，在电源与电容元件

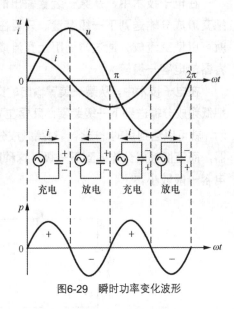

图6-29　瞬时功率变化波形

之间只发生能量的互换，能量互换的规模用无功功率 Q_C 来衡量。它等于瞬时功率 p 的幅值，我们常将电容上的无功功率称为容性无功，其值为负，而将电感的无功功率称为感性无功，其值为正。根据这一规定，则电容上的无功功率为：

$$Q_C=-UI=-I^2X_C$$

下面举一示例说明：设有一个电容量为 50μF 的电容器，接在频率为 50Hz、电压有效值为 10V 的交流电源上，求电流与无功功率是多少？当电源频率变为 2500Hz，而其他不变时，电路中的电流与无功功率又是多少？

当 $f=50$Hz 时

$$X_C=\frac{1}{2\pi fC}=\frac{1}{2\times3.14\times50\times50\times10^{-6}}=63.7\ \Omega$$

$$I=\frac{U}{X_C}=\frac{10}{63.7}=0.157A$$

$$Q_C=-UI=-10\times0.157=-1.57var$$

当 $f=2500$Hz 时

$$X_C=\frac{1}{2\pi fC}=\frac{1}{2\times3.14\times2500\times50\times10^{-6}}=1.274\ \Omega$$

$$I=\frac{U}{X_C}=\frac{10}{1.274}=7.85A$$

$$Q_C=-UI=-10\times7.85=-78.5var$$

重点提示：下面总结一下电感元件与电容元件之间的差别。

电感上电压超前电流 90°，而电容元件则是电压滞后电流 90°；另一方面，感抗与容抗的频率特性不同，电感是通直隔交，对低频显示很小的阻碍作用，而电容是通交隔直，对高频显示很小的阻碍作用。

此外，二者的功率也有差别，当电容与电感流过相同电流时，二者的功率流向是相反的，即当电感从电源吸收功率时，电容刚好向电源发出功率，并用感性无功与容性无功来表示这种差别。电感的感性无功功率 $Q_L=UI=I^2X_L$，电容的容性无功功率 $Q_C=-UI=-I^2X_C$。

6.2.4　RLC 串联交流电路

1. RLC 串联电路电压与电流的关系

电阻、电感与电容元件串联的交流电路如图 6-30（a）所示。电路的各元件通过同一电流，电流与各个电压的正方向如图 6-30（b）所示。

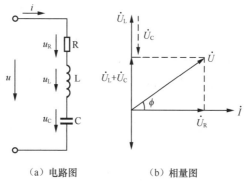

（a）电路图　　　　（b）相量图

图6-30　电阻、电感与电容元件串联的交流电路

对于电阻、电感与电容元件串联的交流电路，经推算，电源电压的有效值为：

$$U= \sqrt{U_R{}^2+(U_L-U_C)^2}=\sqrt{(IR)^2+(IX_L-IX_C)^2}=I\sqrt{R^2+(X_L-X_C)^2}$$

也可写为：

$$\frac{U}{I}=\sqrt{R^2+(X_L-X_C)^2}$$

由上式可见，这种电路中电压与电流的有效值（或幅值）之比为 $\sqrt{R^2+(X_L-X_C)^2}$，它的单位也是欧姆，也具有对电流起阻碍作用的性质，我们称它为电路的阻抗，用$|Z|$表示：

$$|Z|=\sqrt{R^2+(X_L-X_C)^2}=\sqrt{R^2+(\omega L-\frac{1}{\omega C})^2}$$

课外阅读：有位年轻电工，在检修荧光灯电路时，用万用表交流电压挡分别测量灯管和镇流器上的电压，令他感到意外的是，灯管两端电压为 148V，镇流器两端电压为 166V，两部分电压加起来竟高达 314V，比电源电压 220V 高出 94V!甚感疑惑。其实，这是交流电路中的正常现象，要得到问题的答案，从我们前面学过的含有电感的交流电路谈起。

在电阻 R 与电感 L 串联的交流电路中，电源电压 $\dot{U}$ 等于电阻电压降 $\dot{U}_R$ 与电感电压降 $\dot{U}_L$ 之和，即：

$$\dot{U} = \dot{U}_R + \dot{U}_L$$

根据前面得出的相位关系，电阻电压降 $\dot{U}_R$ 与电流 $\dot{I}$ 同相，电感电压降 $\dot{U}_L$ 超前电流 $90°$，由此可以画出矢量图。将 $\dot{U}_R$、$\dot{U}_L$ 进行矢量相加后，就得到外加电压 $\dot{U}$。从相量图中可以看出，$U \neq U_R + U_L$，即电源电压的有效值不等于电阻与电感两端电压的有效值之和。

至此，开头提到的荧光灯电路中，灯管电压 U_R=148V，镇流器电压 U_L=166V，按 $\dot{U} = \dot{U}_R + \dot{U}_L$ 算出正好等于电源电压 220V，问题得出了答案。

2. RLC 串联电路的功率

（1）瞬时功率

知道了 u 与 i 的变化规律与相互关系后，便可求出瞬时功率来，经推算，瞬时功率为：

$$p = UI\cos\phi - UI\cos(2\omega t + \phi)$$

（2）平均（有功）功率和无功功率

由于电阻元件上要消耗电能，经计算，可得电阻元件上的平均功率为：

$$P = UI\cos\phi$$

而电感元件与电容元件要储放能量，即它们与电源之间要进行能量互换，经推算，相应的无功功率为：

$$Q = UI\sin\phi$$

由上述可知，一个交流发电机输出的功率不仅与发电机的端电压及其输出电流的有效值的乘积有关，而且还与电路（负载）的参数有关。电路所具有的参数不同，则电压与电流间的相位差 ϕ 就不同，在同样电压 U 和电流 I 之下，这时电路的有功功率和无功功率也就不同。式 $P = UI\cos\phi$ 中的 $\cos\phi$ 称为功率因数。

（3）视在功率

在交流电路中，平均功率一般不等于电压与电流有效值的乘积，如将电压与电流的有效值相乘，则得出所谓视在功率 S，即：

$$S = UI = I^2|Z|$$

交流电气设备是按照规定了的额定电压 U_N 和额定电流 I_N 来设计和使用的，变压器和有些交流发电机的容量就是以额定电压和额定电流的乘积，即所谓额定视在功率 $S_N = U_N I_N$ 来表示的。视在功率的单位是伏安（VA）或千伏安（kVA）。

由于平均功率 P、无功功率 Q 和视在功率 S 三者所代表的意义不同，为了区别起见，各采用不同的单位。

这三个功率之间有一定的关系，即：

$$S = \sqrt{P^2 + Q^2}$$

3. 直流与交流电路的区别

（1）直流电路

纯直流电路简称直流电路，电路的各个电动势、端电压、电流的大小和方向在工作中不变化。分析的基本定理是欧姆定律、基尔霍夫定律、叠加原理、戴维南定理等。在直流电路中，电容器是不导电的，对直流电流起到隔断作用，简称隔直作用。而电感线圈对直流电流不产生直流电压降，可视为直流电阻为零。直流电路也不存在相位问题，不存在无功功率和视在功率，只有有功功率。

（2）交流电路

正弦交流电路简称交流电路，电路中的各个电压与电流都按正弦规律交变着工作，方向在一个周期中分正半周和负半周，大小从零变化到峰值又变为零。正弦量有三个要素：振幅（峰值）、周期和初相位。在正弦交流电路中，电感使电流落后，电容使电流超前，并且都是储能元件，不消耗功率不发热。交流电路中电压与电流的关系（大小和相位）有一定的规律性，是容易掌握的。

|6.3 功率因数的提高|

6.3.1 功率因数降低的原因

我们知道，直流电路的功率等于电流与电压的乘积，但交流电路则不然。在计算交流电路的平均功率（有功功率）时，还要考虑电压与电流间的相位差ϕ，即：

$$P=UI\cos\phi$$

上式中的$\cos\phi$是电路的功率因数。在前面已讲过，电路的功率因数决定于电路（负载）的参数。只有在电阻性负载（例如白炽灯、电阻炉等）的情况下，电压和电流才同相，其功率因数为 1。对其他负载来说，如排风扇、抽油烟机等，既有电阻又有电抗，存在着电压与电流之间的相位角ϕ。这类电感性负载的功率因数都较低，一般为 0.5～0.6，说明交流（AC）电源设备的额定容量不能充分利用，输出大量的无功功率，致使输电效率降低。

除线路电压与电流之间的相位角ϕ引起功率因数下降外，输入电流或电压的波形失真也是引起功率因数下降的重要原因。长期以来，像开关型电源和电子镇流器等产品，都是采用桥式整流和大容量电容滤波电路来实现 AC-DC 转换的，由于滤波电容的充、放电作用，在其两端的直流电压出现略呈锯齿波的纹波，滤波电容上电压的最小值远非为零，与其最大值（纹波峰值）相差并不多。根据桥式整流二极管的单向导电性，只有在 AC 线路电压瞬时值高于滤波电容上的电压时，整流二极管才会因正向偏置而导通，而当 AC 输入电压瞬时值低于滤波电容上的电压时，整流二极管因反向偏置而截止。也就是说，在 AC 线路电压的每个半周期内，只是在其峰值附近，二极管才会导通（导通角约为 70°）。虽然 AC 输入电压仍大体保持正弦波波形，但 AC 输入电流却呈高幅值的尖峰脉冲，如图 6-31 所示，这种严重失真的电流波形含有大量的谐波成分，引起线路功率因数严重下降。

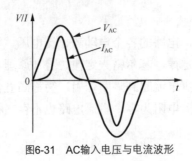

图6-31　AC输入电压与电流波形

6.3.2　提高功率因数的措施

为提高负载功率因数，往往采取补偿措施．最简单的方法是在电感性负载两端并联电容器，这种方法称为并联补偿。

并联电容器以后，电压 u 和线路电流 i 之间的相位差 ϕ 变小了，即 $\cos\phi$ 变大了。这里我们所讲的提高功率因数，是指提高电源或电网的功率因数，而不是指提高某个电感性负载的功率因数。

如果电容值选择适当，还可以使 $\phi=0$。在电感性负载上并联了电容器以后，减少了电源与负载之间的能量互换，这时电感性负载所需的无功功率，大部分或全部都是就地供给（由电容器供给），就是说，能量的互换现在主要或完全发生在电感性负载与电容器之间，因而使发电机容量能得到充分利用。

除"并联补偿"方法外，还可采用专门的功率因数校正电路（简称 PFC）。PFC 不同于传统的"并联补偿"，它是针对非正弦电流波形而采取的提高线路功率因数，迫使 AC 线路电流追踪电压波形的瞬时变化轨迹，并使电流与电压保持同相位，使系统呈纯电阻性的技术措施。

|6.4　RC 和 LC 电路|

6.4.1　RC 串联和并联电路

1. RC 串联电路

图 6-32 是 RC 串联电路及该网络的阻抗特性曲线。图 6-32（a）中，R、C 串联，由于 C 对各种频率信号的容抗是不同的，这样整个 RC 网络的阻抗特性便如图 6-32（b）所示。

这一 RC 网络对各频率信号呈现不同的阻抗。当信号频率大于转折频率 f_0 后，C 的容抗（ $X_C=\dfrac{1}{2\pi fC}$ ）几乎为零，由 RC 串联电路阻抗公式 $|Z|=\sqrt{R^2+X_C{}^2}$ 可知，$|Z|\approx R$，这时 RC 串联网络的总阻抗由 R 大小来决定。当信号频率低于 f_0 时，由于信号频率已较低了，C 的容抗已较大而不能忽视，此时 RC 串联网络的总阻抗为 R 和 C 容抗之和。又因为 C 的容抗

随频率降低而增大，所以特性曲线中频率 f 小于 f_0 的一段是下降的，这样，频率越低，阻抗越大。这一 RC 串联网络的转折频率 f_0 由下式决定：

$$f_0 = \frac{1}{2\pi RC}$$

当 R 不变时，C 大，转折频率小；反之，C 小，转折频率大。同样，通过改变 R 的大小也可以改变 f_0。

2. RC 并联电路

图 6-33 所示是 RC 并联电路及该网络的阻抗特性曲线。

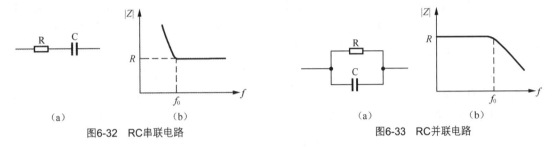

(a)　　　　　(b)　　　　　　　　　　(a)　　　　　(b)
图6-32　RC串联电路　　　　　　　　图6-33　RC并联电路

这一网络的阻抗特性曲线也有一个转折频率 f_0，f_0 由下式决定：

$$f_0 = \frac{1}{2\pi RC}$$

当信号频率低于转折频率 f_0 时，频率愈低，C 容抗愈大于 R。此时 C 相当于开路，RC 并联网络阻抗由 R 决定，小于 f_0 部分为平直线，大小为 R 阻值。

当信号频率大于转折频率 f_0 时，C 的容抗可以与 R 阻值比较，此时总的阻抗是 R 和 C 容抗的并联值。由于频率升高后 C 容抗下降，所以 RC 并联网络总的阻抗斜率下降，且频率越高，网络的阻抗越小。改变 C 或 R 大小时，转折频率也要作相应改变。

3. RC 串并联电路

RC 串并联电路及阻抗特性曲线如图 6-34 所示。这里不再分析。

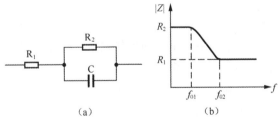

(a)　　　　　　　　　　(b)
图6-34　RC串并联电路

6.4.2　滤波器

滤波器是一种让某一频带内信号通过，同时又阻止这一频带外信号通过的电路，滤波器分为无源滤波器和有源滤波器。

无源滤波器又分为：RC 滤波器和 LC 滤波器。RC 滤波器又分为：低通 RC 滤波器、高通 RC 滤波器和带通 RC 滤波器。LC 滤波器又分为低通 LC 滤波器、高通 LC 滤波器和带通 LC 滤波器。

有源滤波器分为有源高通滤波器、有源低通滤波器和有源带通滤波器等。

下面简要分析 RC 和 LC 无源滤波器。

1. RC 无源滤波器

（1）低通滤波器

图 6-35 所示的是一种 RC 无源低通滤波器，其中图 6-35（a）是低通滤波器电路，图 6-35（b）是它的输出信号特性曲线。可以看出，低通滤波器的作用是让低于转折频率 f_0 的低频段信号通过，而将高于转折频率 f_0 的信号去掉。

这一低通滤波器的工作原理是，当输入信号 u_i 中频率低于转折频率 f_0 的信号加到电路中时，由于 C 的容抗很大而无分流作用，所以这一低频信号经 R 输出。当 u_i 中频率高于转折频率 f_0 时，因 C 的容抗已很小，故通过 R 的高频信号由 C 分流到地而无输出，达到低通的目的。这一 RC 低通滤波器的转折频率 f_0 由下式决定：

$$f_0 = \frac{1}{2\pi RC}$$

（2）高通滤波器

图 6-36 所示的是 RC 元件构成的高通滤波器，其中图 6-36（a）是电路，图 6-36（b）是这一高通滤波器的输出信号特性曲线。从这一曲线可以看出，当输入信号 u_i 中频率低于转折频率 f_0 时，输出受到明显的衰减，高于转折频率 f_0 的信号时，输出平稳。

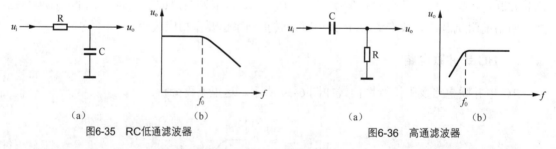

图6-35　RC低通滤波器　　　　　图6-36　高通滤波器

这一电路的工作原理是，当频率低于 f_0 的信号输入这一滤波器时，由于 C 的容抗很大而受到阻止，输出减小，且频率愈低输出愈小。当频率高于 f_0 的信号输入这一滤波器时，由于 C 的容抗很小，故对信号无衰减作用，这样该滤波器具有让高频信号通过，阻止低频信号的作用，这一电路的转折频率 f_0 由下式决定：

$$f_0 = \frac{1}{2\pi RC}$$

（3）带通滤波器

带通滤波器可以让一定频带的信号通过，而阻止频带以外的信号。将高通滤波器和低通滤波器串联在一起，适当设计电路参数，就可以构成所需要的带通滤波器。

2. LC 无源滤波器

LC 滤波器适用于高频信号的滤波，它由电感 L 和电容 C 组成，由于感抗随频率增加而增加，而容抗随频率增加而减小，因此，LC 低通滤波器的串臂接电感，并臂接电容；高通滤波器的 L、C 位置，则与它相反。带通滤波器则是二者的组合。

6.4.3　LC 自由振荡电路

1. 电磁振荡的产生

如图 6-37 所示电路。先把开关扳到电池组一边，给电容器充电。稍后再把开关扳到线圈一边，让电容器通过线圈放电。我们会看到电流表的指针左右摆动，表明电路里产生了大小和方向作周期性变化的交变电流。通常把这样产生的交变电流叫作振荡电流。能够产生振荡电流的电路叫作振荡电路，图中由电感线圈和电容器组成的电路就是一种简单的 LC 振荡电路。

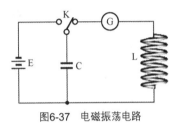

图6-37　电磁振荡电路

用示波器来观察振荡电流，可以看到，在 LC 回路里产生的振荡电流和电压也是按正弦规律变化的。

2. 振荡过程

下面分析 LC 回路里产生振荡电流的过程。

$t_0=0$ 时刻：开关刚扳到线圈一边的瞬间，已被充电的电容器尚未放电，电路里没有电流，电路里的能量全部是电容器里储存的电场能。如图 6-38（a）所示。

$0\sim\dfrac{T}{4}$ 阶段：电容器开始放电，由于线圈的自感作用，电路里的电流不能立刻达到最大值，而是由零逐渐增大。放电过程中，线圈周围产生磁场，并且随着电流的增大而增强；电容器极板上的电荷逐渐减少，电容器里的电场逐渐减弱。这样，电路里的电场能逐渐转化为磁场能。到放电完了时，电流达到最大值，电容器极板上已经没有电荷，电场能全部转化为磁场能，如图 6-38（b）所示。

$\dfrac{T}{4}\sim\dfrac{T}{2}$ 阶段：电容器放电完毕后，由于线圈的自感作用，电路里的电流并不立即减小为零，而是保持原来的方向继续流动，使电容器在反方向上重新充电。在反方向充电过程中，随着电流的减小，线圈周围的磁场逐渐减弱；电容器两极板带上相反的电荷，电容器里的电场随着极板上电荷的增多而增强。这样，电路里的磁场能又逐渐转化为电场能，充电完了时，电流减小到零，电容器极板上的电荷达到最大值，磁场能全部转化为电场能，如图 6-38（c）所示。

此后，电容器再放电（$\dfrac{T}{2}\sim\dfrac{3}{4}T$ 阶段，如图 6-38（d）所示），再充电（$\dfrac{3}{4}T\sim T$ 阶段，如图 6-38（e）所示），这样不断地充电和放电，电路中就有了振荡电流（如图 6-38（f）所示）。同时，电场能和磁场能发生周期性的转化，这种现象叫作电磁振荡。

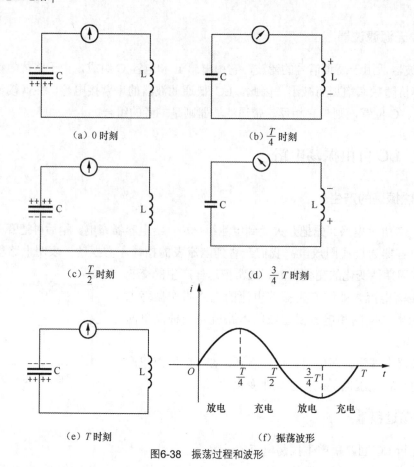

（a）0 时刻　　　　　　　　　　（b）$\frac{T}{4}$ 时刻

（c）$\frac{T}{2}$ 时刻　　　　　　　　　（d）$\frac{3}{4}T$ 时刻

（e）T 时刻　　　　　　　　　　（f）振荡波形

图6-38　振荡过程和波形

　　上图中的电磁振荡跟机械振动中的自由振动类似，叫作自由振荡。最初给电容器充电，相当于使单摆的摆锤偏离平衡位置，给摆锤一定的重力势能。电路中电场能和磁场能的相互转化，相当于单摆中重力势能和动能的相互转化。

3. 无阻尼振荡和阻尼振荡

　　在自由振荡中，如果没有能量损失，振荡应该持续下去，振荡电流的振幅应该保持不变，这种振荡叫作无阻尼振荡，如图 6-39（a）所示。可是，实际上在电磁振荡中总要有能量损失，一部分能量由于电路中有电阻而转化为热，还有一部分能量辐射到周围空间中去。这样，振荡电路的能量逐渐损耗，振荡电流的振幅逐渐减小，直到最后停止下来。这种振荡叫作阻尼振荡，如图 6-39（b）所示。

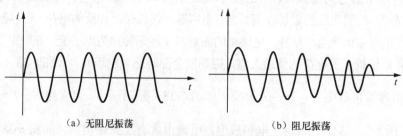

（a）无阻尼振荡　　　　　　　　　（b）阻尼振荡

图6-39　无阻尼振荡和阻尼振荡

实际工作中常常需要保持振幅不变的等幅振荡，这种等幅振荡要用振荡器来产生，振荡器靠晶体管周期性地把电源的能量补充到振荡电路中，用来补偿振荡过程中的能量损耗，以维持等幅振荡。

4. 电磁振荡的周期和频率

振荡电路里发生无阻尼自由振荡的周期和频率，叫作振荡电路的固有周期和固有频率，简称振荡电路的周期和频率。LC 回路的周期和频率跟哪些因素有关呢？让我们改变电容和电感的大小。在前面的电磁振荡实验中，还可以看到，电容或电感增加时，周期变长，频率变低；电容或电感减小时，周期变短，频率变高。

上述现象可以这样来说明，加在电容器上的电压一定时，电容器的电容越大，它容纳的电荷就越多，放电和充电需要的时间就越长，因而周期就越长，频率就越低。线圈的电感越大，阻碍电流变化的作用就越强，放电和充电需要的时间就越长，因而周期就越长，频率就越低。

进一步的研究可以证明，周期 T 和频率 f 跟自感系数 L 和电容 C 的关系是：

$$T = 2\pi\sqrt{LC}$$

$$f = \frac{1}{2\pi\sqrt{LC}}$$

式中 T、f、L、C 的单位分别是秒、赫兹、亨利、法拉。

根据上述公式，选用适当的电容器和线圈，就可以使振荡电路的周期和频率符合我们的需要，要改变振荡电路的周期和频率，可以通过改变电容或电感的办法来实现。

6.4.4　LC 谐振电路

1. LC 串联谐振电路

（1）谐振频率

图 6-40（a）所示为 LC 串联谐振电路。设信号为 u，频率为 f，当电路中的感抗 X_L 和容抗 X_C 相等，即 $2\pi f L = \dfrac{1}{2\pi f C}$ 时，则 $\phi = 0$，此时，输入信号 u 与电流 i 同相，这时电路发生谐振现象，因为发生在串联电路中，所以称为串联谐振。

$2\pi f L = \dfrac{1}{2\pi f C}$ 是发生串联谐振的条件，由此可得到谐振频率为：

$$f = f_0 = \frac{1}{2\pi\sqrt{LC}}$$

从上式可以看出，f_0 只与 L、C 大小有关，而与 R 的大小无关。L、C 大，谐振频率反而低。当送入 LC 串联谐振电路的信号频率 f 等于该电路的固有谐振频率 f_0 时，电路便发生串联谐振现象，可见，只要调节 L、C 或输入信号频率 f 都能使电路发生谐振。

（2）串联谐振主要特性

——谐振时，电路阻抗 $|Z| = \sqrt{R^2 + (X_L - X_C)^2} = R$，可见，阻抗值为最小，且为纯电阻性，

如图 6-40（b）所示曲线，在 f_0 处的阻抗最小，为回路中的直流电阻 R。当信号频率大于或小于 f_0 时，该网络的阻抗均大于 f_0 时的阻抗。信号频率愈是偏离 f_0，网络的阻抗愈大。

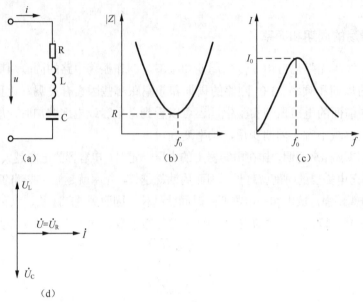

图6-40　串联谐振电路

　　——因为谐振时阻抗值最小，因此，在信号电压不变的情况下，电路中的电流将在谐振时达到最大值，如图 6-40（c）所示。

　　——谐振时，由于感抗 X_L 和容抗 X_C 相等，所以，L 上的电压等于 C 上的电压，但方向相反（L 上的电压超前电流 $90°$，C 上的电压落后电流 $90°$），因此，信号电压与 R 上的电压和方向一致，如图 6-40（d）所示。

　　——当 $X_L=X_C>R$ 时，L、C 上的电压都将高于信号电压，如果电压过高时，可能会击穿线圈和电容器的绝缘，因此，在电力工程上一般应避免发生串联谐振，但在无线电工程上，则常利用串联谐振以获得较高电压，电容或电感元件上的电压常高于信号的几十倍或几百倍。由于串联谐振时 L、C 上的电压可能超过信号电压的许多倍，所以串联谐振也称为电压谐振。

　　L 或 C 上的电压与信号电压的比值通常用 Q 来表示：

$$Q = \frac{U_C}{U} = \frac{U_L}{U} = \frac{1}{\omega_0 CR} = \frac{\omega_0 L}{R}$$

　　Q 称为电路的品质因数，简称 Q 值，它表示在谐振时电容或电感元件上的电压是信号电压的 Q 倍，例如，若 $Q=100$，$U=6mV$，那么在谐振时，电容或电感元件上的电压就可达 600mV。

　　（3）串联谐振的应用

　　串联谐振在无线电工程上的应用较多，例如在接收机里被用来选择信号。图 6-41（a）所示的是接收机里典型的输入电路。它的作用是将需要收听的信号从天线所收到的许多频率不同的信号之中选出来，其他不需要的信号则尽量加以抑制。

　　输入电路的主要部分是天线线圈 L_1 和由电感线圈 L 与可变电容器 C 所组成的串联谐振电路。天线所收到的各种频率不同的信号都会在 LC 谐振电路中感应出电动势 e_1、e_2、e_3 等，如图 6-41（b）所示，图中的 R 是线圈 L 的电阻。改变 C，对所需信号频率调到串联谐振，那么这时 LC 回路中该频率的电流最大，在可变电容器两端的这种频率的电压也就最高。其他各种不同频率的信号虽然也在接收机里出现，但由于它们没有达到谐振，在回路中引起的电流很小。这样就起到了选择信号和抑制干扰的作用。

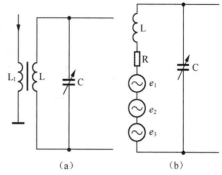

图6-41　调谐回路及其等效电路

这里有一个选择性的问题，如图 6-42（a）所示，当谐振曲线比较尖锐时，稍有偏离谐振频率 f_0 的信号就大大减弱，也就是说，谐振曲线越尖锐，选择性就越强。为了定量地说明选择性的好坏，通常引用通频带宽度的概念。于是规定，在电流 I 值等于最大值 I_0 的 70.7%（即 $\frac{1}{\sqrt{2}}$）处频率的上下限之间宽度称为通频带宽度，即通频带宽度越小，表明谐振曲线越尖锐，电路的频率选择性就越强，而谐振曲线的尖锐或平坦同 Q 值有关，如图 6-42（b）所示。设电路的 L 和 C 值不变，只改变 R 值，R 值越小，Q 值越大（$Q = \frac{1}{\omega_0 CR} = \frac{\omega_0 L}{R}$），则谐振曲线越尖锐，也就是选择性越强。这是品质因数 Q 的另外一个物理意义。减小 R 值，也就是减小线圈导线的电阻和电路中的各种能量损耗。

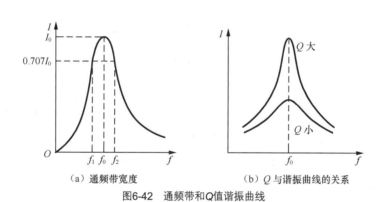

（a）通频带宽度　　　　　　（b）Q 与谐振曲线的关系

图6-42　通频带和Q值谐振曲线

2. LC 并联谐振电路

图 6-43（a）所示的是 LC 并联谐振电路。其中 R 是 L 的直流电阻。

（1）谐振频率

LC 并联谐振网络的谐振频率 f_0 由下式决定：

$$f_0 = \frac{1}{2\pi\sqrt{LC}}$$

从上式中可以看出，LC 并联谐振网络的谐振频率与 R 无关，只与 L、C 有关。当信号频率等于该网络的固有谐振频率时，该 LC 网络发生并联谐振现象。

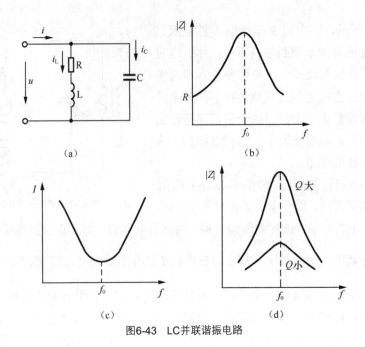

图6-43　LC并联谐振电路

（2）LC并联谐振主要特性

——并联谐振时，电路的阻抗到最大，并为纯阻性，阻抗大小为$|Z| = \dfrac{L}{RC}$，如图 6-43（b）所示。

——并联谐振时，在信号电压一定时，电路中的电流 I 达到最小值，如图 6-43（c）所示。

——并联谐振回路也引入了品质因数 Q，且与串联回路的 Q 值一样，$Q = \dfrac{\omega_0 L}{R} = \dfrac{1}{R}\sqrt{\dfrac{L}{C}}$。

——并联谐振时，回路总电流很小，而电容、电感支路的电流达到最大值，为回路总电流的 Q 倍，但电容、电感支路的电流方向相反、大小相差不多，其差值为回路的总电流。由于并联谐振电容、电感支路中的电流达到最大值，所以并联谐振又称电流谐振。

——不同的 Q 值有不同的曲线，Q 值大的曲线尖锐。在谐振频率 f_0 处，电路阻抗为最大。当信号频率 f 高于或低于 f_0 时，网络的阻值均下降，且信号频率 f 偏差 f_0 越多，网络阻抗越小，如图 6-43（d）所示。

并联谐振在无线电工程和工业技术中得到了广泛的应用，例如，利用并联谐振时阻抗高的特点可以选择信号或消除干扰。

6.4.5　陷波器

陷波器又称吸收电路，广义上讲它也是一种滤波器，其作用是阻断规定的频带内信号，而在此频带之外，信号能够顺利通过。

1. LC 串联谐振式吸收电路

图 6-44 所示的是 LC 串联谐振式吸收电路，其中图 6-44（a）是这种吸收电路，图 6-44（b）

是这种吸收电路的输出信号特性曲线。从这一曲线可以看出，在 f_0 处的输出信号很小，这样将输入信号 u_i 中的 f_0 这一频率信号吸收掉。

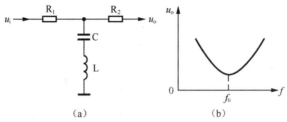

（a） （b）

图6-44　LC串联谐振式吸收电路

这一电路的工作原理是，LC 串联谐振网络在谐振时其阻抗为最小，设谐振频率为 f_0，这样输入信号中的 f_0 频率信号被这一 LC 串联谐振网络分流到地。对于远高于或低于 f_0 的信号，由于 LC 电路失谐，网络的阻抗很大而不能对地分流，这样便达到了只吸收以 f_0 为中心频率很小频带内的信号。

2. LC 并联谐振式吸收电路

图 6-45 所示的是 LC 并联谐振式吸收电路，其中图 6-45（a）是这种吸收电路，图 6-45（b）是这种吸收电路的输出信号特性曲线。

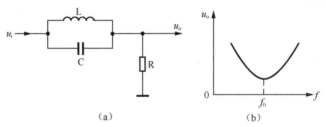

（a） （b）

图6-45　LC并联谐振式吸收电路

这一电路的工作原理是，由于 LC 并联谐振网络的阻抗 $|Z|$ 为最大，$|Z|$ 与 R 构成分压电路，从图中可以看出，输出信号 $u_o = \dfrac{R}{R+|Z|} u_i$，可见，在谐振频率 f_0 处，由于 $|Z|$ 最大，所以输出信号 u_o 最小，即输入信号衰减最大。对于输入信号中频率远高于或低于 LC 谐振频率 f_0 的信号，因 LC 并联谐振电路失谐，阻抗 $|Z|$ 很小，因此，$u_o \approx u_i$。

3. 桥 T 式吸收电路

图 6-46 所示的是桥 T 式吸收电路，其中图 6-46（a）是吸收电路，图 6-46（b）是这一吸收电路的等效电路，图 6-46（c）是它的输出信号特性曲线。

图 6-46（a）所示的电路是一个由 R 和 C 构成的三角形网络，通过三角形—星形变换，可转换成图 6-46（b）所示的等效电路。这一吸收电路的谐振频率 f_0 由下式决定：

$$f_0 = \frac{1}{2\pi\sqrt{L(2C)}}$$

图 6-46（b）所示的电路中，$-\dfrac{R}{4}$ 为负电阻，当 $r=\dfrac{R}{4}$ 时，该谐振回路谐振时的总电阻为零，故对 f_0 信号的吸收很强，理论上是将 f_0 信号全部吸收。

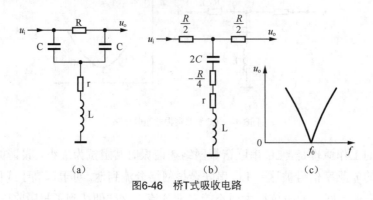

图6-46　桥T式吸收电路

4. 并联桥 T 式吸收电路

图 6-47 所示的是并联桥 T 式吸收电路，其中图 6-47（a）是吸收电路，图 6-47（b）是它的输出信号特性曲线。这种并联桥 T 式吸收电路是在桥 T 式吸收电路的基础上，在 L 上并联一只电容 C_1 构成一个 LC 并联谐振网络，其谐振频率为 f_{02}。当信号频率低于谐振频率 f_{02} 时，LC 并联谐振电路失谐，此时该网络呈现感性，等效成一个电感 L'。这样，L' 与 R 和两个 C 构成桥 T 式吸收电路，其吸收频率为 f_{01}，$f_{01}<f_{02}$。由此可知，这种并联桥 T 式吸收电路对 f_{01} 信号是吸收的，而对 f_{02} 信号则是起提升作用的。

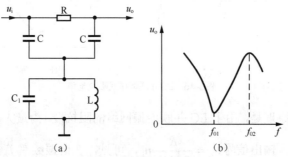

图6-47　并联桥T式吸收电路

6.4.6　RC 移相电路

有些电路，要求输出信号相位滞后或超前输入信号一个角度，这可以通过移相电路来实现。下面简要介绍几种常用的移相电路。

1. RC 移相电路

RC 移相电路中主要是电阻 R 和电容 C 两个元件。对于电阻 R 而言，流过 R 的电流与电阻两端的电压是同相位的，对于电容 C 而言，流过 C 的电流超前电压 $90°$。在 RC 移相电路中，就是利用电容的这一特性来实现信号的移相。

（1）超前移相电路

图 6-48 所示的是 RC 超前移相电路，电路中，u_i 为输入信号电压，u_o 为输出信号电压，即电阻 R 两端的电压。这一电路具有使 u_o 信号相位超前 u_i 的作用，故称为超前移相电路。

（2）滞后移相电路

图 6-49 所示的是 RC 滞后移相电路，这一电路与 RC 超前移相电路的主要不同之处是 R、C 的位置互换了，其输出电压 u_o 取自电容 C 上的电压 u_c。

图6-48　超前移相电路　　　　　图6-49　滞后移相电路

电路中，u_i 为输入信号电压，u_o 为输出信号电压，即电容 C 两端的电压。这一电路具有使 u_o 信号相位滞后 u_i 的作用，故称为滞后移相电路。

2. RL 移相电路

（1）RL 超前移相电路

图 6-50 所示的是 RL 超前移相电路。电感 L 的特性是电压超前电流 90°，恰好与电容的特性相反。电路中，u_i 为输入信号电压，u_o 为输出信号电压，取自电感 L 两端。

（2）RL 滞后移相电路

图 6-51 所示的是 RL 滞后移相电路。输出电压 u_o 取自于电阻 R 两端，而不像超前移相电路中的取自于电感 L 两端。输出信号 u_o 滞后于输入信号 u_i 一个角度 ϕ，这一电路的最大滞后相移量为 90°。

图6-50　RL超前移相电路　　　　　图6-51　RL滞后移相电路

3. LC 谐振电路移相电路

（1）LC 并联谐振移相电路

图 6-52 所示的是 LC 并联谐振网络相移特性示意图，其中图 6-52（a）中，L 和 C 构成 LC 并联谐振网络，其中 L 电感量可以微调，该电路的谐振频率为 f_0；图 6-52（b）是 LC 并联谐振网络的相频特性曲线。

当输入信号频率等于谐振频率 f_0 时，其输出信号相移量为 0；当输入信号频率高于谐振频率 f_0 时，相移量 ϕ 为负值，输入信号频率越大于 f_0，相移量越大，最大为 $-90°$。ϕ 为负值表示是滞后相移。当输入信号频率低于谐振频率 f_0 时，相移 ϕ 为正值，输入信号频率越低于 f_0，相移量越大，最大为 $+90°$。ϕ 为正值表示是超前相移。可见，这种移相电路不仅可以实现超前移相，也可以进行滞后移相，其移相范围为 $-90°\sim+90°$。

这一电路进行移相的原理是，假设输入信号频率为 f_i，若要对 f_i 信号进滞后移相，只要调整 L 的电感量，使 L、C 这一并联谐振网络的谐振频率 f_0 小于 f_i，便能实现对 f_i 的滞后移相，因为 $f_i > f_0$，所以对 f_i 信号有滞后移相作用。f_i 越是大于 f_0，滞后相移量愈大，只要适当调节 L 电感量，便能获得所需要的小于 $90°$ 的滞后相移量。

反之，若要求对输入信号 f_i 进行超前移相，只要通过调整 L 电感量，使 L、C 的谐振频率 f_0 大于 f_i 即可，调节 L 电感量大小可得到需要的超前相移量。

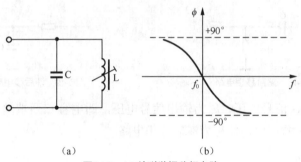

(a)   (b)

图6-52　LC并联谐振移相电路

对于 LC 并联谐振网络，当输入信号频率 f_i 等于该谐振频率 f_0 时，谐振电路呈纯阻性。当 $f_i > f_0$ 时，该网络呈容性。当 $f_i < f_0$ 时，该网络呈感性。

（2）LC 串联谐振移相电路

图 6-53 所示的为串联谐振移相电路，与上述并联谐振移相电路不同之处在于，当输入信号频率 $f_i > f_0$ 时，是超前相移而不是滞后相移；当 $f_i < f_0$ 时，是滞后相移而不是超前相移。只要调整 L 的电感量，改变 L、C 串联谐振电路的谐振频率 f_0 大小，便可获得在 $-90°$～$+90°$ 范围的移相。

对于 LC 串联谐振网络，当输入信号频率 f_i 等于该网络谐振频率 f_0 时，该网络呈纯阻性。当 $f_i > f_0$ 时，该网络呈感性。当 $f_i < f_0$ 时，该网络呈容性。

课外阅读：趋肤效应

交流电通过导体时，各部分的电流密度不均匀，导体内部电流密度小，导体表面电流密度大，这种现象称为趋肤效应。产生趋肤效应的原因是由于感抗的作用，导体内部比表面具

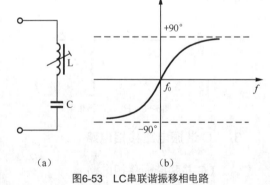

(a)   (b)

图6-53　LC串联谐振移相电路

有更大的电感 L，因此对交流电的阻碍作用大，使得电流密集于导体表面．趋肤效应使得导体的有效横截面减小，因而导体对交流电的有效电阻比对直流电的电阻大。

交流电的频率越高，趋肤效应越显著，频率高到一定程度，可认为电流完全从导体表面流过。因此，在高频交流电路中，必须考虑趋肤效应的影响，例如收音机磁性天线上的线圈用多股互相绝缘的导线绕制，电视室外天线不用金属棒而用直径较粗的金属管制作，都是为了增加导体的表面积，克服趋肤效应带来不利影响的实例。

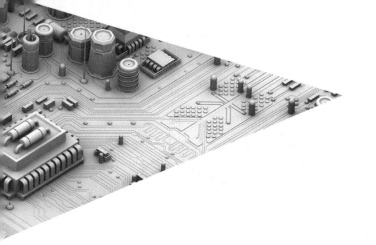

第7章
三相交流电路

我们只要留意观察,就会发现马路旁电线杆上的电线共有四根,而进入居民家庭的进户线只有两根。这是因为电线杆上架设的是三相交流电的输电线,进入居民家庭的是单相交流电的输电线。自从 19 世纪末世界上首次出现三相制以来,它几乎占据了电力系统的全部领域。目前世界上电力系统所采用的供电方式,绝大多数是属于三相制电路。三相交流电比单相交流电有很多优越性。在用电方面,三相电动机比单相电动机结构简单,价格便宜,性能好;在送电方面,采用三相制,在相同条件下比单相输电节省输电线的用铜量。实际上单相电源就是取三相交流电源的一相,因此三相交流电得到了广泛的应用。

|7.1   三相交流电源|

7.1.1   三相交流电的产生

使一个线圈在磁场里转动,电路里只产生一个交变电动势,这时发出的交流电叫作单相交流电。如果在磁场里有三个互成角度的线圈同时转动,电路里就产生三个交变电动势,这时发出的交流电叫作三相交流电。

图 7-1 所示的是三相发电机的示意图。在铁芯上固定着三个相同的线圈 AX、BY、CZ,始端是 A、B、C,末端是 X、Y、Z,三个线圈的平面互成 120° 角,匀速地转动铁芯,三个线圈就在磁场里匀速转动。三个线圈是相同的,它们发出的三个电动势的最大值和频率都相同。

这三个电动势的最大值和频率虽然相同,但是它们的相位并不相同。由于三个线圈平面互成 120° 角,所以三个电动势的相位也互差 120°。取图 7-1(a)所示的瞬间作为时间起点,这三个电动势可以分别表示为:

$$e_A = E_m \sin \omega t$$
$$e_B = E_m \sin(\omega t - 120°)$$
$$e_C = E_m \sin(\omega t - 240°) = E_m \sin(\omega t + 120°)$$

它们的图像如图 7-2 所示。

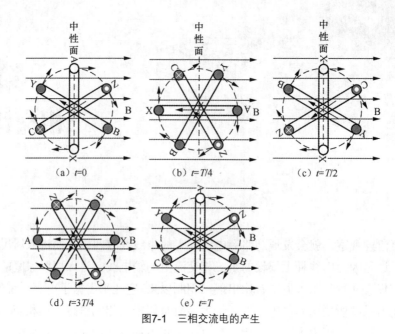

（a）t=0　　　　　（b）t=T/4　　　　　（c）t=T/2

（d）t=3T/4　　　　　（e）t=T

图7-1　三相交流电的产生

三相交流电依次出现正的最大值的顺序称为相序，顺时针按 A → B → C 的次序循环的相序称为顺序或正序，按 A → C → B 的次序循环的相序称为逆序或负序。相序是由发电机转子的旋转方向决定的，通常都采用顺序。三相发电机在并网发电时或用三相电驱动三相交流电动机时，必须考虑相序的问题，否则会引起重大事故，为了防止接线错误，低压配电线路中规定用颜色区分各相，黄色表示 A 相，绿色表示 B 相，红色表示 C 相。

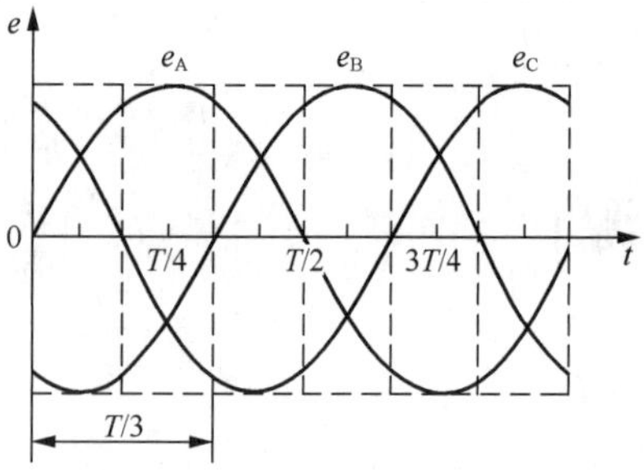

图7-2　三相电动势波形图

我国低压供电标准为 50Hz、380/220V，而日本及西欧的某些国家采用 60Hz、110V 的供电标准，在使用进口电器设备时要特别注意，若电压等级不符，会造成电器设备的损坏。

7.1.2　三相电源的连接方式

1. 发电机三相绕组的星形接法

发电机三相绕组通常采用星形接法，如图 7-3 所示。

将绕组的三个末端 X、Y、Z 联在一起，成为一个公共点，称为电源的中性点或零点，用 N 表示。由首端 A、B、C 和中点 N 引出四根导线与外电路连接，构成三相四线制电源。其中从首端引出的三根导线称为相线或端线，俗称火线，用字母 A、B、C 表示或用黄、绿、红颜色标记。从中性点引出的导线称为中线（或零线），有时中线接地，也称地线，用字母 N 表示，并用黑色标记。

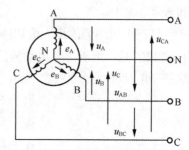

图7-3　发电机三相绕组星形接法

2. 相电压与线电压

在三相四线制电源中，可以获得两种电压，即相电压和线电压。

相电压是指电源每相两端之间的电压，即相线与中线之间的电压，并规定相电压的参考方向是从相线指向中线。其有效值用 U_A、U_B、U_C 表示，或一般地用 U_P 表示。

线电压指相线与相线之间的电压，其有效值用 U_{AB}、U_{BC}、U_{CA} 表示，或一般地用 U_l 表示。线电压与相电压之间的关系为：

$$U_l = \sqrt{3}U_p$$

我国日常电路中，相电压是 220V，线电压是 380V（$380 = \sqrt{3} \times 220$）。工程上讨论三相电源电压大小时，通常指的是电源的线电压。如三相四线制电源电压 380V，指的是线电压 380V。

|7.2　三相电路负载的连接|

交流用电设备（负载）一般分三相和单相两种类型。例如，照明灯、家用电器以及工业上需用单相电源供电的小功率用电设备，统称为单相负载。三相用电设备主要是工农业生产中使用量极大的三相电动机以及其他三相负载，它们与三相电源联成整体组成三相电路。因此，三相电路中，既有三相负载又有单相负载。

在三相供电系统中，负载有两种基本接法，星形（Y）接法和三角形（△）接法，下面对这两种不同负载的接法进行讨论。

7.2.1　负载星形连接的三相电路

1. 对称负载星形连接

图 7-4 所示的三相四线制电路，设其线电压为 380V，负载如何连接应视其额定电压而定。通常，电灯（单相负载）的额定电压为 220V，因此，要接在火线与中线之间，电灯负载是大量使用的，不能集中接在一相中，从总的线路来说，它们应当比较均匀地分配在各相之中。电灯的这种连接法称为星形连接。至于其他单相负载，如单相电动机、电炉、继电器等，该接在火线之间还是火线与中线之间，应视额定电压是 380V 还是 220V 而定，如果负载的额定电压不等于电源电压，则需用变压器，例如，某设备照明灯的额定电压为 36V，就要用一个 380/36V 的降压变压器。

三相电动机的三个接线端总是与电源的三根火线相连。但电动机本身的三相绕组可以连成星形或三角形，它们的连接方法在铭牌上标出，例如，电动机的铭牌上标有"380/220V、Y/△"字样，说明当电源线电压为 380V 时，电动机连接成 Y 形；当电源线电压为 220V 时，电动机连接成△形，可见，电动机每相绕组的额定电压为 220V。铭牌上标有"380、△"字样，说明电动机连接成△，应接在 380V 电源上，可见，电动机每相绕组的额定电压为 380V。因此，三相负载必须按铭牌给出的额定电压和连接方式与电源相连。

负载星形连接的三相四线制电路一般可用图 7-5 表示。

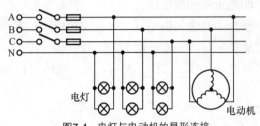

图7-4 电灯与电动机的星形连接

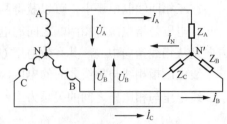

图7-5 负载星形连接的三相四线制电路

电路中，Z_A、Z_B、Z_C 分别是 A、B、C 相的负载，且 $Z_A=Z_B=Z_C$，它们可以是三相交流电动机的三相绕组，也可以是三个单相负载组成的三相负载，三个负载的一端接于火线 A、B、C，另外三个端点接在一起，称为负载中点 N′，并将 N′ 与电源中点 N 相连。

负载星形连接时，如果忽略输电线路上的阻抗压降，每相负载的电压等于相应电源的相电压，等于电源的线电压的 $\frac{1}{\sqrt{3}}$ 倍，即：

$$U_p = \frac{1}{\sqrt{3}} U_l$$

三相电路中的电流也有相电流与线电流之分，每相负载中的电流 I_p 称为相电流，每根火线中的电流 I_l 称为线电流。在负载为星形连接时，显然相电流即为线电流，即：

$$I_p = I_l$$

对称三相负载星形连接的电路，其各相负载电流的幅度相等，各相电流的相位差依次相差 120°，因此 I_A、I_B、I_C 三个相电流是对称的。中线电流 I_N 为 0。

正是由于中线电流为 0，所以动力电通常省去中线而采用三相三线制星形供电方式。尽管没有中线，但负载的对称性保证了负载中点 N′ 和电源中点 N 的电位相等。

2. 不对称负载星形连接

如果三相负载的阻抗不相等，就是三相不对称负载。这种情况主要发生在三相四线制作低压照明供电的线路中，通常居民住宅楼的配电是每单元引出一相照明电，三个单元为一组接成星形三相负载，众所周知，各家拥有的家用电器和照明灯具的数量有很大差异，不同的电器其阻抗的大小与性质不同，各家使用电器设备的时间又是随机的。因此，照明线路基本上是处于三相不对称负载运行状态。此时，各相电流不相等，中线电流也不为 0，由于中线的存在，即使三相负载不对称，负载的三个相电压仍然等于对称的电源相电压，因此，负载的相电压总是对称的，而使负载工作正常。

当出现中线断开时，就会使其中一相或两相电压升高，造成负载的相电压不等于电源的相电压。其中，某些负载的相电压会超过额定值，从而引起损坏；某些负载的相电压会过低，从而不能正常工作；同时，负载中点（零线）会带电，三相负载越不对称，上述现象越严重，居民区出现的大范围烧毁家用电器的事故多数是中线断路引起的。

三相星形接法示例： 某大楼的系统供电线路图如图 7-6 所示。某一天，该大楼电灯突然发生故障，第二层楼和第三层楼所有电灯都突然暗下来，而第一层楼电灯亮度不变，试问这是什么原因？同时发现，第三层楼的电灯比第二层楼的电灯还暗些，这又是什么原因？

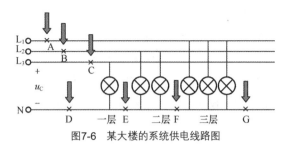

图7-6 某大楼的系统供电线路图

1．当 E 处断开时，二、三层楼的灯串联接 380V 电压，亮度变暗，一层楼的灯仍承受 220V 电压亮度不变。

2．因为三楼灯多于二楼灯，即 R_3（三楼灯并联电阻）小于 R_2（二楼灯并联电阻），所以三楼灯比二楼灯暗。

7.2.2　负载三角形连接的三相电路

负载三角形连接的三相电路一般可用图 7-7 所示的电路表示。电路中，Z_{AB}、Z_{BC}、Z_{CA} 为每相的负载。

负载三角形连接时，因为各相负载都直接接在电源的线电压上，所以，负载的相电压与电源的线电压相等。因此，不论负载对称与否，其相电压总是对称的，即：

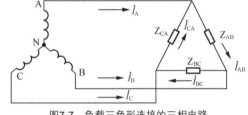

图7-7 负载三角形连接的三相电路

$$Z_{AB}=Z_{BC}=Z_{CA}=U_1=U_p$$

在负载三角形连接时，相电流和线电流是不一样的，经计算，如果负载对称，线电流是相电流的 $\sqrt{3}$ 倍，且线电流的相位滞后相电流 $30°$。即：

$$I_1 = \sqrt{3}I_p$$

三相电动机的绕组可以接成三角形，也可以接成星形，而照明负载都接成星形（具有中线）。

|7.3　三相电路的功率|

7.3.1　有功功率

不论负载是星形连接还是三角形连接，总的有功功率必定等于各相有功功率之和，不论三相负载是否对称，都有如下关系：

$$P = P_A + P_B + P_C = U_A I_A \cos\phi_A + U_B I_B \cos\phi_B + U_C I_C \cos\phi_C$$

式中，U_A、U_B、U_C 是三相负载的相电压，I_A、I_B、I_C 是三相负载的相电流，ϕ_A、ϕ_B、ϕ_C 是各相负载相电压、相电流的相位差。

当三相负载对称时，每相的有功功率是相等的。因此，三相总功率为：

$$P = 3U_p I_p \cos\phi$$

当对称负载是星形连接时，$U_1 = \sqrt{3}U_p$，$I_1 = I_p$，当对称负载是三角形连接时，$U_1 = U_p$，$I_1 = \sqrt{3}I_p$，不论对称负载是星形连接还是三角形连接，如将上述关系式代入式 $P = 3U_p I_p \cos\phi$，可得：

$$P = \sqrt{3}U_1 I_1 \cos\phi$$

7.3.2 无功功率和视在功率

三相电路的无功功率用于衡量三相电源与三相负载中的储能元件进行能量交换的规模。根据能量守恒定律，三相电路的无功功率等于三相负载无功功率之和，即：

$$Q = Q_A + Q_B + Q_C = U_A I_A \sin\phi_A + U_B I_B \sin\phi_B + U_C I_C \sin\phi_C$$

在负载对称时，有如下关系：

$$Q = 3U_p I_p \sin\phi$$

或者：

$$Q = \sqrt{3}U_1 I_1 \sin\phi$$

无功功率不能被负载吸收，不能转换成人们所需的能量形式，只是在电路中反复传送，一会从电源传送给负载，一会又从负载反送给电源。无功功率的传送不仅白白占用了电网的有限资源，加大线路的损耗，同时还对电网和发电机组的运行带来有害的影响。三相异步交流电动机是三相电路的主要负载，其用电量占总动力电的 80%以上。因此，三相负载以电感性为主。为了改善负载的功率因数，配电室中都备有大型电力电容柜以调整三相负载的阻抗角。

三相电路的视在功率是三相电路可能提供的最大功率，也就是电力网的容量。

$$S = \sqrt{P^2 + Q^2} = 3U_p I_p = \sqrt{3}U_1 I_1$$

上式表明，提高功率因数，减少电路中的无功功率，是充分发挥电网供电能力的重要措施。

三相电路功率示例：有一台三相电动机，其每相的等效电阻 $R=29\Omega$，等效感抗 $X_L=21.8\Omega$，试求在下列两种情况下电动机的相电流、线电流以及从电源输入的功率：（1）绕组连成星形接于 $U_1=380V$ 的电源上；（2）绕组连成三角形接于 $U_1=220V$ 的电源上。

（1）绕组连成星形接于 $U_1=380V$ 的电源上时，

$$I_p = \frac{U_p}{|Z|} = \frac{220}{\sqrt{29^2 + 21.8^2}} = 6.1A$$

$$I_1 = 6.1A$$

$$P = \sqrt{3}U_1 I_1 \cos\phi = \sqrt{3} \times 380 \times 6.1 \times \frac{29}{\sqrt{29^2 + 21.8^2}} = 3200W = 3.2kW$$

（2）绕组连成三角形接于 $U_1=220V$ 的电源上时，

$$I_{\mathrm{p}} = \frac{U_{\mathrm{p}}}{|Z|} = \frac{220}{\sqrt{29^2 + 21.8^2}} = 6.1\mathrm{A}$$

$$I_1 = \sqrt{3}I_{\mathrm{p}} = \sqrt{3} \times 6.1 = 10.5\mathrm{A}$$

$$P = \sqrt{3}U_1 I_1 \cos\phi = \sqrt{3} \times 220 \times 10.5 \times \frac{29}{\sqrt{29^2 + 21.8^2}} = 3200\mathrm{W} = 3.2\mathrm{kW}$$

有的三相电动机有两种额定电压，比如 220/380V，这表示当电源电压（指线电压）为 220V 时，电动机的绕组连成三角形，当电源电压为 380V 时，电动机应连成星形。在这两种接法中，相电压、相电流及功率都未改变，仅线电流在（2）的情况下为（1）的情况下的 $\sqrt{3}$ 倍。

第8章
互感和变压器

变压器是一种常见的电气设备，在电力系统和电子线路中得到了广泛的应用。本章主要讨论互感现象和变压器的原理，并对常用变压器进行了介绍。

|8.1　互感|

8.1.1　互感现象

图 8-1（a）所示的是两个靠得很近的线圈，当第一个线圈中通有电流 i_1 时，在线圈中产生自感磁链 Ψ_{11}，根据右手螺旋定则，可以确定 Ψ_{11} 方向；第一个线圈产生的磁链还有一部分要通过第二个线圈，这一部分磁链叫作互感磁链 Ψ_{21}。同样，在 8-1 图（b）中，当第二个线圈通有电流 i_2 时，它所产生的磁链 Ψ_{22} 也会有一部分通过第一个线圈，产生互感磁链 Ψ_{12}。这种互相感应的现象叫作互感现象。

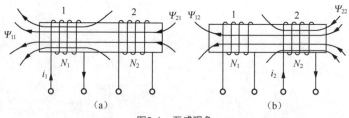

图8-1　互感现象

当线圈流过电流时，在线圈中产生磁通 Φ，若线圈的匝数为 N，且通过每匝的磁通量均为 Φ，则通过线圈的磁链 $\Psi=N\Phi$。

8.1.2　互感系数

在图 8-1 中，互感磁链与产生此磁链的电流比值叫作这两个线圈的互感系数，用符号 M 表示，即：

$$M = \frac{\Psi_{21}}{i_1} = \frac{\Psi_{12}}{i_2}$$

由上式可知，两个线圈中，当其中一个线圈通有 1A 电流时，在另一线圈中产生的互感磁链数，就是这两个线圈之间的互感系数。互感系数的单位和自感系数一样，也是亨（H）。

通常互感系数只和这两个回路的结构、相互位置及介质的磁导率有关，而与回路中的电流无关。只有当介质为铁磁性材料时，互感系数才与电流有关。

设 L_1、L_2 分别为两个线圈的电感量，则互感系数 M 为：

$$M = K\sqrt{L_1 L_2}$$

式中，K 为线圈的耦合系数，表示线圈的耦合程度，K 的值在 0 和 1 之间，当 $K=0$ 时，说明线圈产生的磁通互不耦合，因此，不存在互感；当 $K=1$ 时，说明两个线圈耦合得最紧，一个线圈产生的磁通全部与另一个线圈相耦合，产生的互感最大，这时又称为全耦合。

8.1.3　互感电动势

在 8-1 所示图中，如果 i_1 随时间变化，则 Ψ_{21} 也随时间变化，根据法拉第电磁感应定律，第二个线圈将要产生感应电动势，这种因互感现象而产生的电动势称为互感电动势，经推算，互感电动势的大小为：

$$e_{21} = \frac{\Delta \Psi_{21}}{\Delta t} = M\frac{\Delta i_1}{\Delta t}$$

$$e_{12} = \frac{\Delta \Psi_{12}}{\Delta t} = M\frac{\Delta i_2}{\Delta t}$$

可以看出，线圈中的互感电动势，与互感系数和另一线圈中电流的变化率的乘积成正比。互感电动势的方向可用楞次定律判定。

互感现象在电工和电子技术中应用非常广泛，如电源变压器、电流互感器、电压互感器等都是根据互感原理工作的。

互感有时也会带来害处。例如，有线电话常常会由于两路电话间互感而引起串音。无线电设备中，若线圈位置安放不当，线圈间相互干扰，会影响设备正常工作。在这种情况下，就需要设法避免互感的干扰。

8.1.4　互感线圈的同名端

两个或两个以上线圈彼此耦合时，常常需要知道互感电动势的极性。例如，电力变压器中，用规定好的字母标出原/副线圈间的极性关系。在电子技术中，互感线圈应用十分广泛，但是必须考虑线圈的极性，不能接错。例如，收音机的本机振荡电路，如果把互感线圈的极性接错，电路将不能起振。

为了工作方便，电路图中常常用小圆点"·"标出互感线圈的"同名端"，以反映出互感线圈的极性。

重点提示：同名端关系只取决于两耦合线圈的结构（绕向和相对位置），与电压、电流的设定没关系。一般在电路中具有互感的两个线圈的画法如图 8-2（a）、（b）所示。

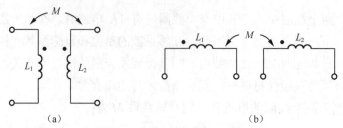

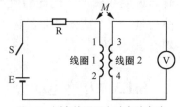

（a）　　　　　　　　　　　　　　（b）

图8-2　互感线圈同名端的表示方法

判定同名端，可采用以下方法，下面以图8-3为例进行说明。

电路中，线圈1与电阻R、开关S串联起来以后，接到直流电源E上，把线圈2的两端与电压表（或电流表）的两个接线柱连接，形成闭合回路。迅速闭合开关S，电流从线圈1的1端流入，并且电流随时间的增大而增大，如果此时电压表的指针向正刻度方向偏转，则线圈1的1端与线圈2的3端是同名端。反之，线圈1的1端与线圈2的3端是异名端。

图8-3　测定线圈同名端实验电路

8.1.5　互感线圈的连接

1. 互感线圈的串联

把两个有互感的线圈串联起来，有两种不同的接法。异名端相接称为顺串，同名端相接称为反串。

（1）顺串

如图8-4（a）所示，图中端点1与3、端点2与4是同名端，当将2和3连接在一起时，这样的连接称为顺串。

设线圈1的自感系数（电感量）为L_1，线圈2的自感系数（电感量）为L_2，两线圈的互感系数为M，顺串后的电感量为L，则有如下关系式：

$$L=L_1+L_2+2M$$

这就是说，当两个互感线圈顺串时，相当于一个具有等效电感$L=L_1+L_2+2M$的电感线圈。

（2）反串

如图8-4（b）所示，图中端点1与4、端点2与3是同名端，当将2和3连接在一起时，这样的连接称为反串。对于反串的两个线圈，有如下关系式：

$$L=L_1+L_2-2M$$

这就是说，当两个互感线圈反串时，相当于一个具有等效电感$L=L_1+L_2-2M$的电感线圈。

在电子电路中，常常需要使用具有中心抽头的线圈，并且要求从中点分成两部分的线圈完全相同。为了满足这个要求，在实际绕制这种线圈时，可以用两根相同的漆包线平行地绕在同一芯子上，然后，再把两个线圈的异名端接在一起作为中心抽头。

若两个互感线圈的同名端接在一起，则两个线圈所产生的磁通在任何时候总是大小相等，方向相反，因此相互抵消，这样接成的线圈就不会有磁通穿过，因而就没有电感，它只起一个电阻的作用，所以，为了获得无感电阻，就可以在绕制电阻时，将电阻线对折，双线并绕。

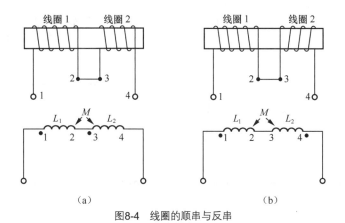

图8-4　线圈的顺串与反串

由以上可知，顺串时的等效电感大于反串时的等效电感。由于两线圈不论是顺串还是反串，其等效电感 $L \geqslant 0$，所以有：

$$L_1 + L_2 - 2M \geqslant 0$$

$$即\ M \leqslant \frac{1}{2}(L_1 + L_2)$$

另外，根据两个互感线圈顺串和反串的特点，还可测出互感系数 M 的大小。

设顺向串联时的等效电感 $L' = L_1 + L_2 + 2M$

反向串联时的等效电感 $L'' = L_1 + L_2 - 2M$

故互感系数 M 为 $M = \dfrac{L' - L''}{4}$

2. 互感线圈的并联

两个互感线圈，设互感系数为 M，线圈的电感量分别为 L_1 和 L_2，当它们并联时，也有两种接法，即顺并和反并。

（1）顺并

对应的同名端并在一起叫作顺并，如图 8-5（a）所示，若两个线圈顺并后的电感量为 L，则有如下关系式：

$$L = \frac{L_1 L_2 - M^2}{L_1 + L_2 - 2M}$$

这就是说，当两个互感线圈顺并时，相当于一个具有等效电感 $L = \dfrac{L_1 L_2 - M^2}{L_1 + L_2 - 2M}$ 的电感线圈。

（2）反并

对应的异名端并在一起叫作反并，如图 8-5（b）所示，若两个线圈反并后的电感量为 L，则有如下关系式：

$$L = \frac{L_1 L_2 - M^2}{L_1 + L_2 + 2M}$$

这就是说，当两个互感线圈反并时，相当于一个具有等效电感 $L = \dfrac{L_1 L_2 - M^2}{L_1 + L_2 + 2M}$ 的电感线圈。

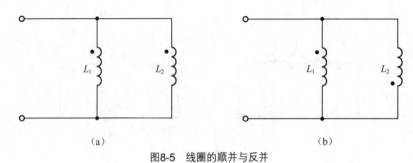

（a）　　　　　　　　　　　　　　（b）

图8-5　线圈的顺并与反并

|8.2　变压器|

8.2.1　变压器的结构

在实际应用中，常常需要改变交流电的电压，大型发电机发出的交流电，电压有几万伏，而远距离输电却需要高达几十万伏的电压。各种用电设备所需的电压也各不相同，电灯、电炉等家用电器需要 220V 的电压，机床上的照明灯需要 36V 的安全电压，一般电子管的灯丝只需 6.3V 的低电压，交流电便于改变电压，以适应各种不同的需要。变压器就是改变交流电电压的设备。

绕在同一骨架或铁芯上的两个线圈便构成了一个变压器。变压器的种类很多，按用途分为电力变压器、调压变压器、电压互感器等。按工作频率不同分为高频变压器、中频变压器和低频变压器。按铁芯使用的材料不同，分为高频铁氧体变压器、铁氧体变压器及硅钢片变压器，它们分别应用于高频、中频及低频电路中。

尽管变压器的种类很多，但基本结构是相同的，都是由铁芯和绕组两部分组成的。

1. 铁芯

铁芯构成了电磁感应所需的磁路，为了增强磁的交链，尽可能地减小涡流损耗，铁芯常用磁导率较高而又相互绝缘的硅钢片相叠而成。每一片厚度为 0.35～0.5mm，表面涂有绝缘漆。铁芯分为芯式和壳式两种。芯式铁芯的特点是，铁芯成 "口" 形，绕组套在铁芯柱上，该结构多应用于大容量的电力变压器上，如图 8-6（a）所示；壳式铁芯的特点是，铁芯成 "日" 形，绕组被包围在中间，该结构常用于小容量的电子设备用变压器，如图 8-6（b）所示。

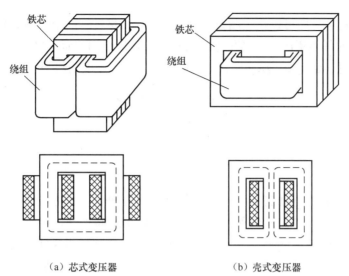

（a）芯式变压器　　　　　（b）壳式变压器

图8-6　芯式变压器和壳式变压器

2. 绕组

变压器的绕组用绝缘良好的漆包线、纱包线绕成。变压器工作时与电源连接的绕组叫初级绕组（也叫原线圈），与负载连接的绕组叫次级绕组（也叫副线圈）。通常低压绕组靠近铁芯柱的内层，其原因是低压绕组和铁芯间所需绝缘较为简单。高压绕组在低压绕组的外边，变压器绕组的一个重要问题是必须有良好的绝缘。绕组与铁芯之间、不同绕组之间及绕组的匝间和层间的绝缘要好，为此，生产变压器时还要进行去潮、烘烤、灌蜡、密封等处理。

8.2.2　变压器的原理

图 8-7（a）所示的是变压器的示意图，图 8-7（b）是它的电路符号。在原线圈上加交变电压 U_1，原线圈中就有交变电流，它在铁芯中产生交变的磁通量，这个交变磁通量既穿过原线圈，又穿过副线圈，在原、副线圈中都要引起感生电动势。如果副线圈电路是闭合的，在副线圈中就产生交变电流，它也在铁芯中产生交变磁通量，这个交变磁通量既穿过副线圈，又穿过原线圈，在原、副线圈中同样会引起感生电动势。根据前面所学知识，我们知道，这种在原、副线圈中由于有交变电流而发生的互相感应现象是互感现象，因此，互感现象是变压器工作的基础。

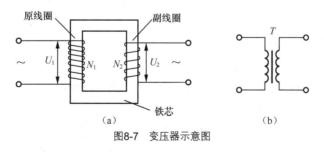

图8-7　变压器示意图

1. 电压变换原理（空载运行）

原线圈和副线圈中的电流共同产生的磁通量，绝大部分通过铁芯，只有一小部分漏到铁芯之外，在粗略的计算中可以略去漏掉的磁通量，认为穿过这两个线圈的交变磁通量相同，因而这两个线圈的每匝所产生的感生电动势相等。设原线圈的匝数是 N_1，副线圈的匝数是 N_2，穿过铁芯的磁通量是 Φ，那么原、副线圈中产生的感生电动势分别是：

$$e_1 = N_1 \frac{\Delta \Phi}{\Delta t}, e_2 = N_2 \frac{\Delta \Phi}{\Delta t}$$

由此可得：

$$\frac{e_1}{e_2} = \frac{N_1}{N_2}$$

在原线圈中，感生电动势 e_1 起着阻碍电流变化的作用，与加在原线圈两端的电压 U_1 的作用相反，是反电动势。原线圈的电阻很小，如果忽略不计，则有 $U_1 = e_1$。副线圈相当于一个电源，感生电动势 e_2 相当于电源的电动势，副线圈的电阻也很小，如果忽略不计，副线圈就相当于无内阻的电源，因而副线圈的端电压 U_2 等于感生电动势 e_2，即 $U_2 = e_2$。因此得到：

$$\frac{U_1}{U_2} = \frac{N_1}{N_2} = n$$

可见，变压器原、副线圈的电压有效值之比等于这两个线圈的匝数比 n（也称变压比）。如果 $N_2 > N_1$（$n < 1$），U_2 就大于 U_1，变压器就使电压升高，这种变压器叫作升压变压器。如果 $N_1 > N_2$（$n > 1$），U_1 就大于 U_2，变压器就使电压降低，这种变压器叫作降压变压器；如 $N_1 = N_2$（$n = 1$），此时，$U_1 = U_2$，这样的变压器一般称为隔离变压器。

在变压器中，次级线圈的输出电压一定是交流电压，这一电压的频率也一定与加到初级线圈两端的交流电压频率相同。因为初级线圈产生的交变磁场变化规律与输入交流电压的变化规律相同，而次级线圈输出的交流电压变化规律是同磁场变化规律一样的，这样输出电压频率同输入电压的频率相同。

需要说明的是，当给变压器的初级线圈加上直流电压时，初级线圈中流过的是直流电流，此时初级线圈产生的磁线大小和方向均不变，这时次级线圈就不能产生感生电动势，也就是次级线圈两端无输出电压（没有交流电压也没有直流电压输出）。

由此可知，变压器不能将初级线圈中的直流电流加到次级线圈中，具有隔直的特性。当流过变压器的初级线圈中的电流为交流电流时，次级线圈两端有交流电压输出，所以变压器能够让交流电通过，具有通交的作用，利用变压器的这一特性可以将它作为耦合元器件使用。

课外阅读：隔离变压器

隔离变压器是一个初级与次级绕组匝数比为 1:1 的变压器。实际上为克服变压器自身的损耗（铜损与铁损），须把次级的匝数多绕 5%左右，即空载时次级电压较初级电压约高 5%。这可以作为我们区分初级与次级绕组的方法之一。在彩电维修工作中，经常使用隔离变压器。一是为了使次级电压与初级电网电压隔离，实现浮动（悬浮）电位，以保证测试时的人身安全；二是实现彩电开关电源"热底板"部分与测量仪器（如示波器）外壳接地设备的连接，进行波形观测。此外，隔离变压器还有防雷击功能和滤除电源中杂波干扰的功能。

下面简要说明隔离变压器的"隔离"特性。如图 8-8 所示。

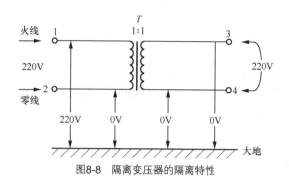

图8-8　隔离变压器的隔离特性

在目前采用的"三相四线制"供电网中，用电器（负载）必有一根线接相线（火线），一根线接零线（中线），火线与零线之间有 220V 的交流电压，而零线与大地（地球）等电位。人站在大地上接触零线没有生命危险，而直接接触火线有生命危险。

假设这一电路中变压器 T 是一个 1∶1 变压器，当给它输入 220V 交流电压时，它输出的电压也是 220V（变压器输出的 220V 电压是指次级线圈两端之间的电压，即 3、4 端之间的电压）。次级线圈的任一端（如 3 端）对地端之间的电压为 0V，这是因为次级线圈的输出电压不以地为参考端，同时初级和次级线圈之间高度绝缘。这样，当人站在地上时只要接触这一电路中 T 的次级线圈任一端都没有生命危险，而不像接触初级线圈的火线端有触电危险。在这个电路中，同样是使用 220V 的交流电压，但使用次级线圈两端的 220V 电压时，只要不同时接触 3、4 端就没有触电的危险，这说明变压器对初级线圈上的交流电压存在隔离作用。

用了隔离变压器并不能 100%保证安全，导致触电的充分必要条件是，与身体接触的两处或以上的导体间存在超过安全电压的电位差，并有一定强度的电流流经人体。隔离变压器可以消除"热地"与电网之间的电位差，一定程度上可以防止触电。但它无法消除电路中各点间固有的电位差，例如，当人身同时接触次级线圈的两个端点时，便有 220V 的电压加到人身上，有生命危险。

2. 电流变换原理（负载运行）

变压器原、副线圈的电流之间又有什么关系呢？

变压器工作时，输入的功率主要由副线圈输出，小部分在变压器内部损耗了，变压器的线圈有电阻，电流通过时要生热，损耗一部分能量（铜损）。铁芯在交变磁场中反复磁化，也要损耗一部分能量使铁芯发热（铁损）。变压器的能量损耗很小，效率很高，特别是大型变压器，效率可达 97%～99.5%。所以，在实际计算中常常把损耗的能量略去不计，认为变压器的输出功率和输入功率相等，即 $U_1I_1=U_2I_2$，由于 $\dfrac{U_1}{U_2}=\dfrac{N_1}{N_2}$，因此：

$$\frac{I_1}{I_2}=\frac{N_2}{N_1}$$

这就是变压器工作时原、副线圈中电流之间的关系。可见，变压器工作时原线圈和副线圈中的电流有效值跟线圈的匝数成反比。变压器的高压线圈匝数多而通过的电流小，可用较细的导线绕制；低压线圈匝数少而通过的电流大，应当用较粗的导线绕制。

课外阅读：铜损与铁损

1．铜损

变压器由于原、副线圈的电阻而造成的能量损耗称为铜损。变压器空载时，由于原线圈的电阻一般都很小，空载电流与电压间的相位差很大（接近90°），因此铜损可以忽略，即空载时的损耗基本上等于铁损，变压器工作时，铜损主要决定于负载电流的大小，而负载电流的大小不仅与负载阻抗的大小有关，而且与负载阻抗的性质有关，因此铜损的大小实际是由负载的大小与功率因数决定。

2．铁损

变压器由于铁芯而造成的能量损耗称为铁损。铁损包括两部分，磁滞损耗和涡流损耗。磁滞损耗是由于铁芯在反复磁化过程中，"内摩擦"而造成的损耗，它与铁芯材料的性质（导磁率，矫顽力）有关。涡流损耗是由于铁芯中产生的感生电流——涡电流产生焦耳热而造成的损耗，采用涂有绝缘漆的薄硅钢片叠成的铁芯可以大大减少涡流损失。

铁损的大小除与铁芯本身有关外，还与电源电压的大小有关，当电源电压一定时，铁损基本上是恒定量，与负载电流的大小、性质无关，因此铁损基本上等于它的空载损失。

3．阻抗变换原理

变压器的负载运行时具有变流作用，负载阻抗 Z_L 决定电流 I_2 的大小，电流 I_2 的大小又决定原边电流 I_1 的大小。可设想原边电路存在一个等效电阻 Z'，它的作用是将副边阻抗 Z_L 折合到原边电路中去，如图8-9所示。

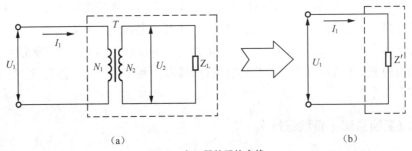

(a)   (b)

图8-9　变压器的阻抗变换

经推算，$Z' = n^2 Z_L$

这表明，变压器的副边接上 Z_L 后，对电源而言，相当于接上阻抗为 $n^2 Z_L$ 的负载，当变压器负载 Z_L 一定时，改变变压器的原副线圈的匝数比，可获得所需的阻抗。

重点提示：电子电路输入端阻抗与信号源内阻相等时，信号源可把信号功率最大限度地传送给电路。同样，当负载阻抗与电子线路的输出阻抗相等时，负载上得到的功率为最大。这种情况称作"阻抗匹配"。然而在实际电路中，信号源和负载的阻抗并不都匹配，需要匹配元件或电路插在两者之间，以实现阻抗匹配。变压器的阻抗变化功能正好能实现这种连接。当然在实际应用中，为了获得较好的电压传输效率或减少信号波形失真，应用变压器主要是为了实现合理的阻抗变换而非"完全匹配"。

8.2.3 变压器的功率和效率

1. 变压器的功率

变压器初级的输入功率为：

$$P_1 = U_1 I_1 \cos\phi_1$$

式中，ϕ_1 为初级电压与电流的相位差。

变压器次级的输出功率为：

$$P_2 = U_2 I_2 \cos\phi_2$$

式中，ϕ_2 为次级电压与电流的相位差。

变压器的损耗功率为输入功率和输出功率之差，即：

$$\Delta P = P_1 - P_2$$

2. 变压器的效率

变压器的输出功率 P_2 与输入功率 P_1 之比，称为变压器的效率，即：

$$\eta = \frac{P_2}{P_1} \times 100\%$$

为了减小损耗、提高效率，变压器一般采用了如下措施：

（1）为减少磁滞损耗，采用磁滞回线面积较小的磁性材料——软磁材料，如硅钢片、坡莫合金及铁氧体等；

（2）在铁芯材料方面，采用电阻率较高的导磁材料，如硅钢片。这些措施都可以增大涡流通路外中的电阻，从而降低涡流损耗；

（3）在铁芯结构方面，将整块铁芯改为由 0.35～0.55mm 厚的硅钢片叠装而成，硅钢片之间彼此绝缘。

下面举一示例说明：发电厂输出的交流电压为 22kV，输送功率为 2.2×10^6W，现在用户处安装一降压变压器，用户的电压为 220V，发电厂到变压器间的输电导线总电阻为 22 Ω，求（1）输电导线上损失的电功率；（2）变压器原副线圈匝数之比。

（1）应先求出输送电流，由：

$$I_{总} = \frac{P_{总}}{U_{总}} = \frac{2.2 \times 10^6}{2.2 \times 10^4} = 100\text{A}$$

则损失功率为：

$$P_{损} = I^2_{总} R = 100^2 \times 22 = 2.2 \times 10^5 \, \text{W}$$

（2）变压器原线圈电压 U_1 为：

$$U_1 = U_{总} - U_{损} = U_{总} - I_{总} R = 2.2 \times 10^4 - 100 \times 22 = 19800\text{V}$$

所以原、副线圈匝数比 $\dfrac{N_1}{N_2} = \dfrac{U_1}{U_2} = \dfrac{19800}{220} = 90$

8.2.4 特殊变压器

变压器的种类很多，除常见的电力变压器外，我们再介绍几种常用的变压器。

1. 自耦变压器

图 8-10 所示的是自耦变压器的示意图。这种变压器的特点是铁芯上只绕一个线圈，如果把整个线圈作原线圈，只取线圈的一部分作副线圈，就可以降低电压，如图 8-10（a）所示；如果把线圈的一部分作原线圈，整个线圈作副线圈，就可以升高电压，如图 8-10（b）所示。

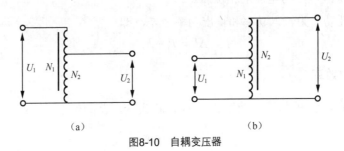

（a）   （b）

图8-10　自耦变压器

自耦变压器的原、副边不仅有磁的耦合，还存在着电的直接联系，这是区别于普通变压器之处。由于自耦变压器在磁路上原、副绕组自相耦合，这就是"自耦"的来源。

自耦变压器的电压、电流变换作用与普通变压器相似，即 $\dfrac{U_1}{U_2} = \dfrac{N_1}{N_2}$、$\dfrac{I_1}{I_2} = \dfrac{N_2}{N_1}$。

调压变压器就是一种自耦变压器，它的构造和电路如图 8-11 所示。自耦变压器的副边抽头制成沿绕组自由滑动的触头，这样可以自由、平滑地调节输出电压。

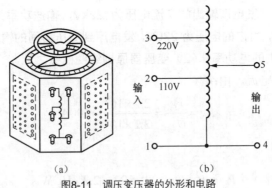

（a）   （b）

图8-11　调压变压器的外形和电路

使用自耦变压器要注意以下几点。

（1）原、副边绕组不能接错，否则会烧毁变压器。

（2）接电源的输入端共三个，用于 220V 或 110V 电源，不可将其接错，否则会烧毁变压器。

（3）接通电源前，要将手柄转到零位；接通电源后，渐渐转手柄，调节出所需要的输出电压。

2. 互感器

互感器也是一种变压器，交流伏特表和安培表都有一定的量度范围，不能直接测量高电压和大电流。高电压对人有危险，为了保证工作人员的安全也不能把电表直接接入高压电路里，用变压器来把高电压变成低电压，或者把大电流变成小电流，这个问题就可以解决了，这种变压器叫作互感器，互感器分为电压互感器和电流互感器两种。

（1）电压互感器

电压互感器用来把高电压变成低电压，它的原线圈并联在高压电路中，副线圈上接入交流伏特表。根据伏特表测得的电压 U_2 和铭牌上注明的变压比（U_1/U_2），可以算出高压电路中的电压。图 8-12（a）所示为电压互感器的测试电路。

由于电压表的阻抗很大，因此，电压互感器的工作情况与普通变压器的空载运行相似，即 $\dfrac{U_1}{U_2} = \dfrac{N_1}{N_2} = n$，式中，$n$ 为电压互感器的变比，且 $n>1$。为使仪表标准化，使其副边的额定电压均为标准值 100V，对不同额定电压等级的高压线路选用各相应变比的电压互感器，如有 6000V/100V、10000V/100V 等不同型号的电压互感器。

首先，电压互感器的副边不能短路，否则会因短路电流过大而烧毁。其次，电压互感器的铁芯、金属外壳和副边的一端必须可靠接地，防止绝缘损坏时，副边出现高电压而危及运行人员的安全。

（2）电流互感器

电流互感器用来把大电流变成小电流，所以其原边匝数少，副边匝数多。由于电流互感器是测量电流的，所以其原边应串接于被测线路中，副边与电流表相串接，根据安培表测得的电流 I_2 和铭牌上注明的变流比（I_1/I_2），可以算出被测电路中的电流。图 8-12（b）所示为电流互感器的测试电路。

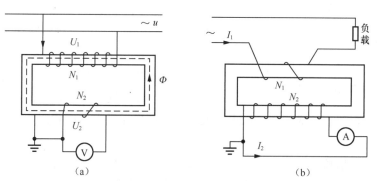

图8-12　电感互感器与电流互感器

由于电流表等负载的阻抗都很小，因此电流互感器的工作情况相当于副边短路运行的普通变压器，通常，电流互感器的副边额定电流设计成标准值 5A。如 30A/5A、75A/5A、100A/5A 等不同型号的电流互感器。选用时，应使互感器的原边额定电流与被测电路的最大工作电流相一致。

测流钳是电流互感器的一种变形。它的铁芯如同一钳，用弹簧压紧。测量时将钳压开而引入被测导线。这时该导线就是原绕组，副绕组绕在铁芯上并与安培计接通。利用测流钳可以随时随地测量线路中的电流，不必像普通电流互感器那样必须固定在一处或者在测量时要断开电路而将原绕组串接进去。测流钳的原理图如图 8-13 所示。

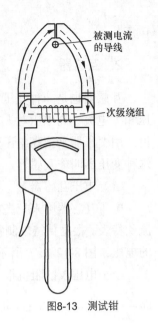

被测电流的导线

次级绕组

图8-13 测试钳

在使用电流互感器时，副绕组电路是不允许断开的。这点和普通变压器不一样。因为它的原绕组是与负载串联的，其中电流 I_1 的大小决定于负载的大小，不是决定于副绕组电流 I_2，所以当副绕组电路断开时（譬如在拆下仪表时未将副绕组短接），副绕组的电流和磁动势立即消失，但是原绕组的电流 I_1 未变，这时铁芯内的磁通全由原绕组的磁动势 I_1N_1 产生，结果造成铁芯内很大的磁通（因为这时副绕组的磁动势为零，不能对原绕组的磁动势起去磁作用了）。这样一方面会使铁损大大增加，从而使铁芯发热到不能容许的程度；另一方面又使副绕组的感应电动势增高到危险的程度。

8.2.5　变压器的同名端特性说明

在前面介绍互感时，提到了互感线圈的同名端及其判定方法，由于变压器是根据互感原理做成的，因此，变压器也存在同名端的特性，下面以图 8-14 为例进行简要说明。

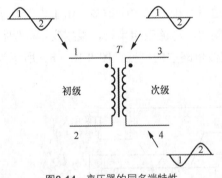

图8-14　变压器的同名端特性

电路中，T 是一个变压器，从图中可以看出在变压器的 1 和 3 端各标出一个黑点，这是同名端的标记，表示 1 端和 3 端是同名端。说明这两个端点电压相位是同相位的关系。同相位就是这两个端点电压同时增大，同时减小，而不是一个端点在增大，另一个端点在减小（如是这样则称为反相）。

通过波形，可以形象地表示变压器的同名端的意义，从图中的波形中可以看出，变压器的 1 端和 3 端电压波形是同时增大，同时减小的，因此，1 端和 3 端是同名端；而次级线圈 4 端电压波形与 1 端电压波形恰好相反，即 1 端与 4 端是异名端。

当只考虑变压器输出电压大小而不考虑输出电压相位时，可不标出同名端。但是，在有些振荡器的正反馈电路中，为了分析正反馈过程方便，要求了解变压器初级和次级线圈输出电压的相位，此时要在变压器中标出同名端。注意，同名端只出现在紧耦合的变压器中。

8.2.6　变压器的屏蔽

在给变压器的初级线圈通入交流电后，线圈周围产生了磁场，尽管有铁芯给绝大部分磁力线构成了磁路，但仍有一小部分磁力线散布在变压器附近的一定空间范围内。若这些残余磁力线通过了变压器附近的其他线圈（或电路网络），在其他线圈中也要产生感生电动势，这便是磁干扰，是不允许的。为此，要给变压器加上屏蔽壳，使变压器中的磁场不向外辐射。变压器的屏蔽壳不仅可以防止变压器干扰其他电路的正常工作，同时也可以防止其他散射磁场对变压器正常工作的干扰。

低频变压器中，采用铁磁材料制成一个屏蔽盒（如铁皮盒），将变压器包起来。由于铁磁材料的磁导率高、磁阻小，所以变压器产生的磁力线由屏蔽壳构成回路，防止了磁力线穿出屏蔽壳，使壳外的磁场大大减小。

同理，外界的杂散磁力线也被屏壳所阻挡，不能穿到壳内来。

在高频变压器中，由于铁磁材料的磁介质损耗大，所以不用铁磁材料作为屏蔽壳，而是采用电阻很小的铝、铜材料制成。当高频磁力线穿过屏蔽壳时，产生了感生电动势，此电动势又被屏蔽壳所短路（屏蔽壳电阻很小），产生涡流。此涡流又产生反向磁力线去抵消穿过屏蔽壳的磁力线，使屏蔽壳外的磁场大大减小，达到屏蔽的目的。

课外阅读：磁场屏蔽

在无线电技术中，常常遇到两个电路中的信号相互干扰、相互影响的情况，在第 1 章讲述了静电屏蔽（电场屏蔽）的方法。在使用线圈元件时，其周围的磁场也存在耦合互感现象，可以利用磁耦合互感达到传递信号的目的。但有时需要消除这种互感耦合，即采用磁场屏蔽方法。

磁屏蔽是使用导磁材料把电感线圈罩起来，使其本身的磁场不外泄，外界磁场不进入罩内，从而达到磁屏蔽的目的。导磁材料要使用软磁材料，如软铁片、坡莫合金等。被磁屏蔽的元件有磁头、线圈、变压器等。必要时还可再加上一层铜屏蔽罩，达到高频和低频同时屏蔽的效果。

8.2.7　电力三相变压器简介

上面讨论的变压器，容量一般较小，属于二相变压器。目前，电力系统普遍采用三相供电制，电力系统用得最多的是三相变压器。三相变压器有三相组式和三相芯式两种，图 8-15 所示的是常用三相变压器外观图。

(a) 三相组式　　　　　　　(b) 三相芯式

图8-15　三相变压器

1. 三相变压器的结构特点

三相组式变压器的三个相分别是三个单相变压器，仅仅在电路上互相连接，三相磁路完全独立。各相主磁通有各自的铁芯磁路，互不影响，如图 8-16 所示。

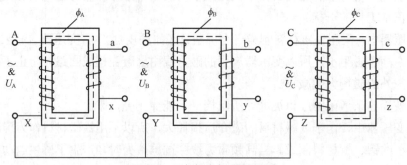

图8-16 三相组式变压器原理图

三相芯式变压器的电路有联接，三相磁路也有联接，如图 8-17 所示。

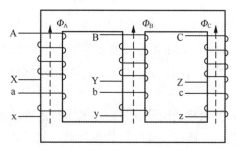

图8-17 三相芯式变压器原理图

三相组式和三相芯式变压器的比较。

三相组式变压器特点：（1）有三个独立的变压器铁芯；（2）三相磁路互不关联；（3）三相电压平衡时，三相电流、磁通也平衡。

三相芯式变压器特点：（1）三个铁芯互不独立；（2）三相磁路相互关联；（3）中间相的磁路短、磁阻小，当三相电压平衡时，三相励磁电流稍有不对称。

此外两种三相变压器的结构存在着一定的差异：三相组式变压器备用容量小，搬运方便。三相芯式变压器节省材料，效率高，安装占地面积小，价格便宜。所以目前电力系统大多采用三相芯式变压器。

2. 三相变压器的铭牌

三相变压器主要技术数据一般都标注在变压器的铭牌上，如图 8-18 所示。主要包括：额定容量、额定电压、额定频率、绕组联结组以及额定性能数据（阻抗电压、空载电流、空载损耗和负载损耗）和总重等，下面介绍几个重要的参数。

（1）额定容量（kVA）：额定电压、额定电流下连续运行时能输送的容量。

（2）额定电压（kV）：变压器长时间运行时所能承受的工作电压。为适应电网电压变化的需要，变压器高压侧都有分接抽头，通过调整高压绕组匝数来调节低压侧输出电压。

（3）额定电流（A）：变压器在额定容量下，允许长期通过的电流。

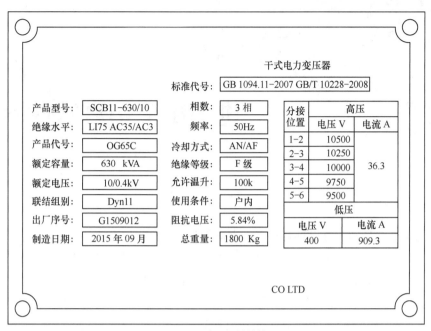

					干式电力变压器		
		标准代号:	GB 1094.11-2007 GB/T 10228-2008				

产品型号:	SCB11-630/10	相数:	3 相	分接 位置	高压	
					电压 V	电流 A
绝缘水平:	LI75 AC35/AC3	频率:	50Hz	1-2	10500	
产品代号:	OG65C	冷却方式:	AN/AF	2-3	10250	
额定容量:	630 kVA	绝缘等级:	F 级	3-4	10000	36.3
额定电压:	10/0.4kV	允许温升:	100k	4-5	9750	
联结组别:	Dyn11	使用条件:	户内	5-6	9500	
出厂序号:	G1509012	阻抗电压:	5.84%	低压		
制造日期:	2015 年 09 月	总重量:	1800 Kg	电压 V		电流 A
				400		909.3

CO LTD

图8-18 变压器的铭牌

（4）阻抗电压（%）：把变压器的二次绕组短路，在一次绕组慢慢升高电压，当二次绕组的短路电流等于额定值时，此时一次侧所施加的电压，一般以额定电压的百分数表示。

（5）相数和频率：相数分三相和二相。中国国家标准频率 f 为 50Hz。

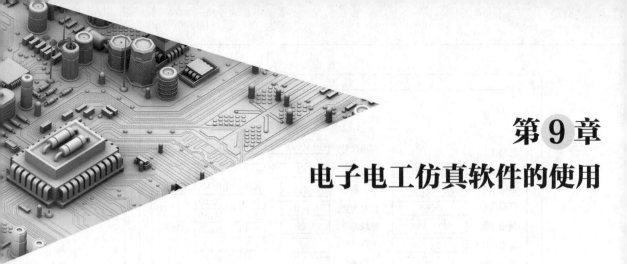

第9章
电子电工仿真软件的使用

电子电工电路基础部分已讲解结束。本章主要介绍电路仿真软件的使用，用电路仿真软件做电路基础实验，不但可节约实验板和实验仪器的开支，避免实验板和仪器的损坏，而且方便直观、快速高效。因此，掌握本章内容，才能真正在电子电工世界"笑傲江湖"。

电路仿真软件较多，常用的有 Edison、Multisim 等。Edison 简单易用，生动活泼，主要适合初学者；而 Multisim 则功能强大，使用复杂，适合有一定基础的电子爱好者。

|9.1 Edison 仿真软件的使用|

下面要介绍的仿真软件 Edison 使用方便，简单实用。

9.1.1 Edison 简介

Edison 是匈牙利 Designsoft Inc. 公司设计推出的电子电路仿真分析、设计软件，非常适合初学者和电子爱好者使用。Edison 以实体的零件造型让初学者有置身于真实电路实验室的感觉，加上有趣的声、光效果，让初学者在不知不觉中学习电路基础知识；同时，可以弥补实验仪器、元器件数量少的不足，以及避免仪器、元器件的损坏。

Edison 是一种新型的仿真软件，电路中的元器件的图形是立体的，可以直接通过鼠标点选拖拽来移动，以组成相应的电路，如图 9-1 所示。电路工作时，灯泡、LED 会发光，喇叭会发声，电动机会旋转。随着外加电压的增加，灯泡会更亮，电动机会转得更快，甚至听到马达的转动声音。改变元器件的参数，就可变更电路方案，电阻标识的彩色条形码（或数值）也会自动地改变。如果外加的电压太高，还可演示灯泡烧毁！当然，烧毁的灯泡，及其他损坏的元器件，只需用修复功能复原即可。在电脑上，还可引用仪表来测量电路的参数，以及发现和验证电路的定律。Edison 启动后的画面如图 9-1 所示。

在立体声光实验室里，可进行动态的实验，如发声、转动、闪光等。不仅可进行基本电路实验，还可进行模拟电子和数字电子技术实验。Edison 中配备的元器件有点少，但对于初学者来说已经足够了。立体声光实验室如图 9-2 所示，它由菜单、元器件和仪器库和实验工作台三大部分组成。

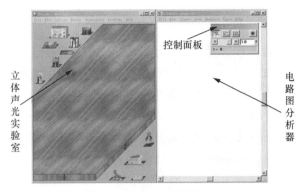

图9-1　Edison启动后的画面

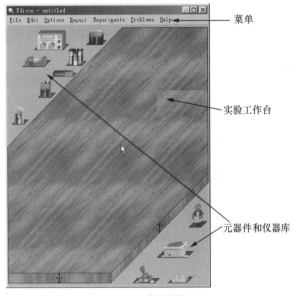

图9-2　立体声实验室

9.1.2　Edison 的基本操作

1. 将部件放置到实验工作台

系统的大多数命令可以用鼠标执行，单击鼠标左键表示确认，鼠标右键表示对对象的删除或操作的取消。

选取部件的方法是，将鼠标放置于部件之上，并按鼠标左键（或回车键），移动鼠标，则选定的部件会随着鼠标光标移动到实验工作台上，同时在右边的电路图绘制区内，也有一个和部件相应的元器件符号随之移动，在合适的地方再次单击鼠标左键放置它，在选取和放置部件时还会听到电脑音箱中发出"啪"、"嗒"的声音。

在移动部件时，不必一直按住鼠标左键不放，当部件被移动时，还能通过按 Ctrl 键进行旋转，但并不是所有部件都能旋转。

如果选错了部件，可以按鼠标右键取消，如果部件已放置到了实验工作台上，想移去，只需用鼠标左键按住该部件拖回到元器件和仪器库上，再点击右键即可。

2. 添加和删除连线

当部件已在实验工作台上放置妥当后，还需要将它们用导线连接。连接导线的方法是，移动鼠标光标至其中一个部件的连接终端，直到光标变为一个中间有个小钉子的小圆圈，按一下鼠标左键，移动鼠标，则有一条连线被拖出，你能画任意曲线，系统将自动创建平滑路径，继续移动光标到另一个部件的终端，鼠标光标又变为小圆圈，并点击鼠标左键，电脑音箱内发出"嗒"的一声，则该条连线连接成功。同时，右边的电路图绘制区内也会出现相应的连接导线，并且是用整洁的直角线代替徒手画的线，如果在该条连线还未连接完成时需要更改，只需点击鼠标右键，连线会一段一段地撤销。

如果需要将三条或更多的连线连在一起，可放置一个连接器，并用它连接其余的线。在连接连线时还需注意一点，因连接部件连线的走向同时还决定了右侧电路图绘制区内电路的导线走向，所以要保证连接好部件的同时又要使电路图规范，就必须在对部件连线时注意连线的走向和距离。

删除连线的方法是，将光标移至需删除连线的任意位置处，此时鼠标光标变为手形，单击鼠标左键，该条连线变为绿色，再选择菜单"Edit"（编辑）下的"Delete"（删除）或按键盘上的"Delete"键即可，如果想撤销已选定的连线，按鼠标右键或 Esc 键，亦可将鼠标在其他空白区域单击一下左键或右键。

3. 移动和删除实验工作台上的部件

要移动部件到另一个位置，放置光标到该部件之上，并按住鼠标左键不放，这样就能拖拽部件并将其落在新位置。注意当部件被拖拽时，所有连接它的连线都将被删除，这样显然不太好，这里有个小技巧，只需将主菜单"Option"（选项）下的"Keep wires at move"（移动时持住线）选定，也就是在这个功能项前面打√。

另一种移动部件的方法是，将光标移至需移动的部件上，此时光标右侧会出现"?"号（有些部件没有），再单击鼠标右键，在出现的快捷菜单中选择"Move"（移动），将光标点一下"Move"，便能移动部件，放下部件到新位置，点击鼠标左键确认即可。

删除部件的方法是，用鼠标点击部件，此时部件周围出现一圈绿线，再选择菜单"Edit"（编辑）下的"Delete"（删除）或按键盘上的"Delete"键。也可在需要删除的部件上点击鼠标右键，在出现的快捷菜单上选择"Delete"（删除）。

4. 修复

当电路中的部件损坏后，可以使用修复命令来修复故障部件。方法是，首先选择主菜单上的"Repair"（修复）功能，此时光标将变成一螺丝刀的形状，将其指向故障部件，点击鼠标左键，便可立即修复。

需要注意的是，修复部件前，须弄清该部件是什么原因导致它损坏的，是电压过高，是可调电阻器调节不合适，还是什么其他原因，必须断开电源，有针对性地予以调节，否则，刚修复好的部件又会马上损坏（如电灯再次爆炸等）。

9.1.3　电路图编辑器

启动 Edison 电路图编辑器的方法是，从开始菜单中找到 Edison 文件夹，找到 Schematic Analyser 文件，如图 9-3 所示。双击 Schematic Analyser 文件，即可启动电路图编辑器，出现图 9-4 所示的工作界面。

图9-3　找到Schematic Analyser文件

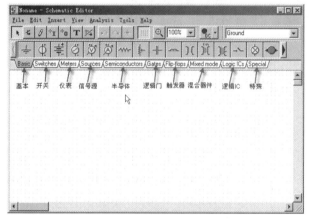

图9-4　电路图编辑窗口

在图中，我们看到各类元件被分为基本、开关、仪表、信号源、半导体、逻辑门、触发器、混合器件（AD/DA-555）、逻辑 IC、特殊等几大类。利用电路图编辑器，我们不仅可以进行电路原理图的绘制与编辑，还可以对其进行实时仿真分析。

9.1.4　用 Edison 仿真软件做电路基础实验

前面对 Edison 的各类元器件和仪器的放置、连线、修复等操作进行了说明。下面通过几个具体的实例，简要分析 Edison 在电路基础中的应用。通过这些例子，我们可以看到，Edison 在电路基础实验中具有广阔的前景，其栩栩如生的 3D 组件，虚拟的测量技术，丰富的元器件模型库及方程编辑器、电路分析器，使我们可以很好地了解各种电路的性质。这不失为一种很好的理论联系实际的方法，也是一种对使用者实际能力培养的有效工具。

1. 闭合电路欧姆定律实验

闭合电路的欧姆定律用公式可表示为：

$$I=\frac{E}{R+r}$$

上式表示，闭合电路中的电流跟电源的电动势 E 成正比，跟内、外电路中的电阻之和（r 为电源内阻，R 为外电路的电阻）成反比。

下面我们来验证一下，实验做法：在元器件模型库里取出可调电源、一个电阻、一个安培表放在工作台上，把它们串联起来，如图9-5所示。

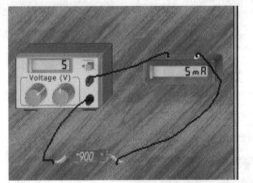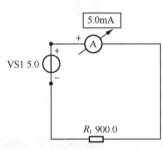

图9-5 闭合电路欧姆定律实验电路

双击可调电源，打开其属性对话框，将可调电源内阻 r 调整为 100Ω，当电源电压为 5V，外电阻 R_1 为 900Ω 时，回路的电流就是安培表所显示的 5mA，用闭合电路欧姆公式来验证：

$$I=\frac{E}{R+r}=\frac{5}{900+100}=0.005\text{A}=5\text{mA}$$

实验结果与理论值一致。现在保持电阻值 900Ω 不变，改变电源电压为 6V、7V、8V、9V，测出实验的电流值分别为 6mA、7mA、8mA、9mA，再用闭合电路欧姆公式进行计算，结果完全一致。

2. 电灯泡实验

电流流过电阻所做的功与完成这些功的时间的比值叫作功率，用 P 表示，公式为：$P=UI$ 或 $P=U^2/R$。灯泡在我们日常生活中经常用到，它的原理就是把电能转化为光能，设灯泡的电阻为 R，外加电压为 U，则灯泡的电功率 P 为：$P=U^2/R$，灯泡的每一个参数都有其上限值，超过其上限值，灯泡就会烧毁。本次实验使用的灯泡的额定功率为 15W，额定电压为 110V，可通过打开其属性对话框进行设置，实验电路图如图 9-6 所示。

打开可调电源的属性对话框，将可调电源的最大电压调整为 120V，当前值调整到 110V，即灯泡电压的上限值，让灯泡达到最亮的亮度。这时，安培表上显示的回路电流为 136.36mA。此时灯泡的功率为：

$$P=UI=110\times0.13636=14.9996\approx15\text{W}$$

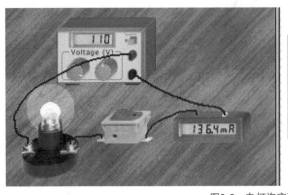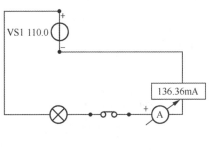

图9-6 电灯泡实验

可见，实验结果与理论值一致。

当电源电压等于或低于110V而高于0V时，灯泡的亮度会随着电压的变化而变化。电压高，亮度高；电压低，亮度低。

当电源电压超过110V时，灯泡烧毁，并发出爆炸声，电路呈开路状态。需要通过菜单对灯泡进行修复后，才能继续进行实验。

3. 分压实验

当若干个电阻串联在一起，它们的阻值不相等时，则每个电阻上分配到的电压也就不相同。在串联电路中，我们常常会用到分压公式去计算电阻电压。设外加电压为 U，电阻 R_1 的电压为 U_1，电阻 R_2 的电压为 U_2，则 U_1 和 U_2 可表示为：

$$U_1 = \frac{R_1}{R_1 + R_2} U$$

$$U_2 = \frac{R_2}{R_1 + R_2} U$$

分压实验电路如图9-7所示。

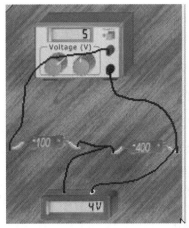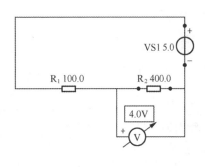

图9-7 分压电路实验

打开 R_1、R_2 属性对话框，调整 R_1、R_2 的阻值分别为 100Ω 和 400Ω。当电源电压为 5V

时，伏特表测得 400Ω 电阻分配到的电压 U_2 为 4V。

我们也可用鼠标右击伏特表，出现图 9-8 所示的快捷菜单。

在出现的快捷菜单中选择"公式"，打开方程编辑器，观察 Edison 的计算过程和结果，如图 9-9 所示。

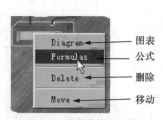

图9-8 伏特表快捷菜单

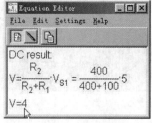

图9-9 方程编辑器

$$U_1 = \frac{R_1}{R_1 + R_2}U = \frac{100}{100 + 400} \times 5 = 1\text{V}$$

$$U_2 = \frac{R_2}{R_1 + R_2}U = \frac{400}{100 + 400} \times 5 = 4\text{V}$$

实验结果与理论计算值是一致的。

4. 串联谐振电路实验

对于串联谐振动振电路，谐振频率为：

$$f = f_0 = \frac{1}{2\pi\sqrt{LC}}$$

f_0 只与 L、C 大小有关，而与 R 的大小无关。L、C 大，谐振频率反而低。当送入 LC 串联谐振电路的信号频率 f 等于该电路的固有谐振频率 f_0 时，电路便发生串联谐振现象，可见，只要调节 L、C 或输入信号频率 f，都能使电路发生谐振。下面用实验进行验证，实验电路图如图 9-10 所示。

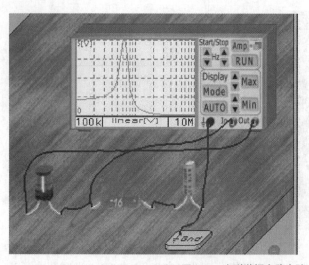
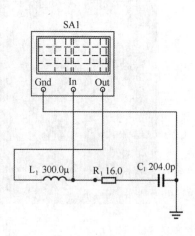

图9-10 串联谐振电路实验电路

打开 L_1、R_1、C_1 属性对话框，将其分别调整为 $L_1=0.3\text{mH}$，$R_1=16\Omega$，$C_1=204\text{pF}$，打开信号分析器属性对话框，将起始频率设为 100kHz，终止频率设为 10MHz。然后在频率分析器屏幕空白处单击鼠标右键，在出现的快捷菜单中选择"Diagram"（图表），打开图表分析窗口，如图 9-11 所示。

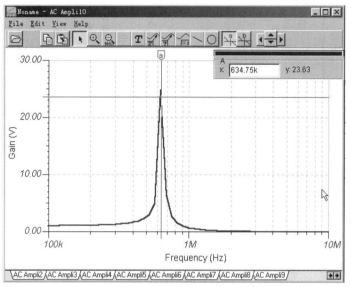

图9-11　信号分析器图表分析窗口

在图表分析窗口中，按按钮，然后指向曲线的最高点，单击鼠标左键，放置一个游标，图表分析窗口中显示为 634.75kHz，这就是串联谐振频率。

我们用公式验证一下：

$$f_0 = \frac{1}{2\pi\sqrt{L_1 C_1}} = \frac{1}{2\times 3.14 \times \sqrt{0.3\times 10^{-3} \times 204 \times 10^{-12}}} \approx 640\text{kHz}$$

可见，实验结果与理论计算值基本一致。

|9.2　Multisim 仿真软件的使用|

Multisim 是美国国家仪器（NI）有限公司推出的以 Windows 为基础的仿真工具，适用于板级的模拟/数字电路板的设计工作。它包含了电路原理图的图形输入、电路硬件描述语言输入方式，具有丰富的仿真分析能力。Multisim 是至今为止功能最齐全，使用最方便、最直观的仿真软件之一。

Multisim 主要有以下特点。

（1）直观的图形界面。Multisim 电路仿真工作区就像一个电子实验工作台，元件和测试仪表均可直接拖放到屏幕上，可通过单击鼠标用导线将它们连接起来，虚拟仪器操作面板与实物相似，甚至完全相同。可方便选择仪表测试电路波形或特性，可以对电路进行几十种电路分析，以帮助设计人员分析电路的性能。Multisim 基本界面如图 9-12 所示。

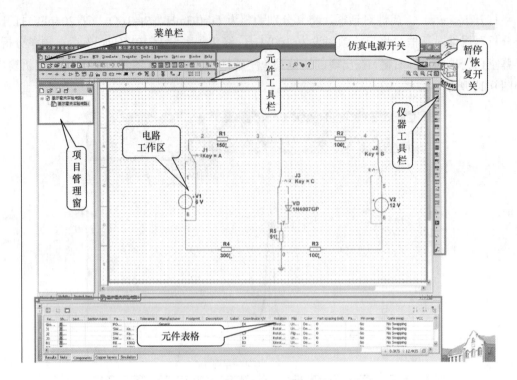

图9-12 Multisim基本界面

（2）丰富的元件。自带元件库中的元件数量更多，基本可以满足工科院校电子技术课程的要求。Multisim 的元件库不但含有大量的虚拟分离元件、集成电路，还含有大量的实物元件模型，包括一些著名制造商，如 Analog Device、Linear Technologies、Microchip、National Semiconductor 以及 Texas Instruments 等。用户可以编辑这些元件参数，并利用模型生成器及代码模式创建自己的元件。

（3）众多的虚拟仪表。Multisim 提供了几十种虚拟仪器仪表，主要有数字万用表、函数发生器、瓦特表、双通道示波器、4 通道示波器、波特测试仪、频率计、字信号发生器、逻辑变换器、逻辑分析仪、伏安特性分析仪、失真分析仪、频谱分析仪、网络分析仪、安捷伦函数发生器、安捷伦万用表、安捷伦示波器、Tektronix 示波器、探针和 LabVIEW 仪器。这些虚拟仪器仪表的参数设置、使用方法和外观设计与实验室中的真实仪器基本一致。在选用后，各种虚拟仪表都以面板的方式显示在电路中。

（4）完备的仿真分析。以 SPICE 3F5 和 XSPICE 的内核作为仿真的引擎，能够进行 SPICE 仿真、RF 仿真、MCU 仿真和 VHDL 仿真等。

（5）强大的 MCU 模块。可以完成 8051、PIC 单片机及其外部设备（如 RAM、ROM、键盘和 LCD 等）的仿真，支持 C 代码、汇编代码以及十六进制代码，并兼容第三方工具源代码；具有设置断点、单步运行、查看和编辑内部 RAM、特殊功能寄存器等高级调试功能。

（6）Multisim 提供有强大的 3D 效果，如图 9-13 所示，给设计者以生动的器件，体会真实设计效果，令人大开眼界。

总之，Multisim 用软件的方法虚拟电工与电子元器件，虚拟电工与电子仪器和仪表，实现了"软件即元器件"和"软件即仪器"，无论是电子设计人员还是电子爱好者，掌握 Multisim

软件的使用都是十分必要的。

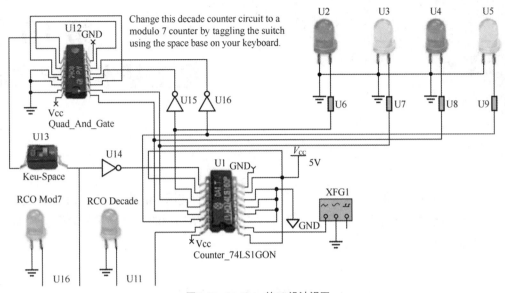

图9-13　Multisim的3D设计视图

有关 Multisim 仿真软件的使用方法，请读者参考相关书籍，本书不作详细介绍。

第 **10** 章
电工基本技能实训

本章内容主要包括供电与安全用电、电工常用工具的使用、家用用电线路的连接与识图、工厂供配电系统等，既有理论，又有实训，既是前面所学知识的综合，又是前面所学知识的实践，内容十分重要。

|10.1 供电与安全用电|

10.1.1 电力系统组成

电力是现代工业主要动力，电力系统是由电压不等的电力线路将一些发电厂和电力用户联系起来的一个发电、输电、变电、配电和用电的整体，如图 10-1 所示。

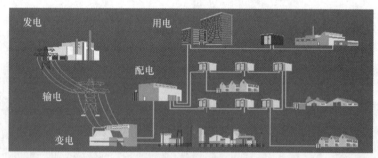

图10-1 电力系统的组成

1. 发电厂

发电厂种类很多，有火力发电厂、水力发电厂、核发电厂、风力发电厂等，各类发电厂中的发电机几乎都是三相同步发电机。

2. 电力网

电力网由变电所和各种不同的电压等级的线路组成，其任务是将电能输送、变换和分配到电能用户。

电力网分为输电网（35kV 及以上的电力网，是电力系统的主干网）和配电网（10kV 及以下的电力网，其作用是将电能分配给各类不同的用户），为加强供电的可靠性、稳定性，通常电力网形成环网。

3. 电力用户

电力用户也称为电力负荷，或称为电力负载，根据其重要程度可分为一级负荷、二级负荷和三级负荷。

一级负荷是指中断供电将造成人身伤亡或带来大的经济损失，或在政治上造成重大的影响的电力负荷。主要包括火车站、大会堂、炼钢炉、重点医院的手术室等。对一级负荷，应用双电源供电，且设有应急电源。

二级负荷主要指中断供电将在政治经济上造成较大损失的电力负荷，对二级负荷应由双回路供电。

三级负荷是一般的电力负荷，属不重要负荷，对供电无特殊要求。

10.1.2　电能的输送

发电是为用电服务的，从发电站到用电设备或长或短总有一段距离，水电站只能建筑在河流上，火电站有时要建筑在煤矿附近，与城市以及分布很广的农村都有距离，即使建筑在城市里的发电站，与城市里的用电设备也有距离，这样就产生了电能输送的问题。

电能便于输送，用导线把电源和用电设备连接起来，就可以实现电能的输送。但是，导线有电阻，电流通过时要发热，这个热量毫无用处，徒然是一种浪费。在电能的输送中要研究如何减少这种能量损耗，以便有效地利用电能。

设导线的电阻为 R，通过的电流为 I，那么在导线上损耗的电功率是 $P=I^2R$。又设导线的总长度为 l，导线的横截面积为 S，由电阻定律知道 $R = \rho \dfrac{l}{s}$。

要减少能量损耗，一种办法是减小导线的电阻。导线材料一经选定（现在多用铝导线），电阻率 ρ 就确定了，导线的总长度由输电距离来决定，不能改变。所以要减小电阻，只有增大导线的横截面积。

增大导线的横截面积，就要多耗费金属材料，而且导线太重，给架设也带来困难。因此，单纯用增大导线的横截面积来减少能量损耗，不是一种理想的办法。实际上，有时即使把横截面积增大到十分惊人甚至实际做不到的程度，也不能把能量损耗降低到所能允许的数值范围之内。例如，要把功率为 200kW 的电能输送到 10km 外的地方，如果用 110V 的电压输电，并且使能量损耗为输送电能的 10%，就要用横截面积约为 96000mm^2 的铝线。这个结果你自己不难算出来。这是多么粗的导线，你可以估量一下，显然，导线是太粗了！

减少能量损耗的另一种办法是减小电流。在输送功率不变的情况下，要减小电流，就必须提高输电电压。在上面的例子中，如果用 11kV 的电压来输电，也就是说，把输电电压提高到 100 倍，电流就减小为原来的 1%。能量损耗与电流的平方成正比，所以能量损耗就减小为原来的万分之一。要使能量损耗仍为输送电能的 10%，导线的横截面积就可以减小为原来的万分之一，也就是用 9.6mm² 的导线就行了。可见，用提高输电电压的办法来减少能量损耗是行之有效的。

但输电电压也不是无条件地越高越好。电压提高了，花在绝缘上的费用要相应地增加。能量损耗在所能允许的数值范围之内，提高输电电压固然可以减小导线的横截面积，但从机械强度方面来考虑，导线又不能太细，导线太细容易被拉断。高压输电还必须考虑在导线上因产生电晕放电而损失的能量。电压越高，导线越细，产生电晕放电的可能性越大。为了避免电晕放电，有时还需要把导线加粗。可见，输电电压并不是毫无限制地可以任意提高。

实际输送电能时，要综合考虑各种因素，依照不同情况选择适合的输电电压。如果输送功率比较大，输电距离比较远，就要采用较高的电压输电。电压低了，势必要加大导线的横截面积。如果输送功率不太大，距离也不太长，就不必用太高的电压输电。这时能量损耗不会太大，电压高了反而增加花在绝缘上的费用，而且导线因机械强度的限制又不能太细。例如，输送功率为 100kW 以下，距离为几百米以内，一般采用 220V 的电压送电。这就是通常用的低压线路。输送功率为几千千瓦到上几万千瓦，距离为几十千米到上百千米，一般采用 35kV 或 110kV 的电压送电，这就是所谓高压输电。如果输送功率为 10 万 kW 以上，距离为几百千米，就必须采用 220kV 甚至更高的电压送电，这就是所谓超高压输电。

我国远距离输电采用的电压有 110kV、220kV 和 330kV，在少数地区已开始采用 500kV 的电压送电。目前世界上正在试验的最高输电电压是 1150kV。

发电厂中的大型发电机，机端电压最高不超过 26kV，但这样高的电压还不符合远距离输电的要求，所以还必须通过升压变压器，把电压升高到所要求的数值（例如 220kV 或 330kV）再进行输送，输送后的电用电设备不能直接应用，因此，要在一次区域变电所把电压降到 6-10kV，其中一部分送往需要高压电的工厂，另一部分送到低压变电所降到 220/380V，作为动力电源送给用户使用。图 10-2 所示的是电能输送示意图。

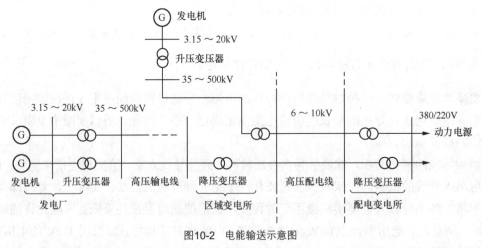

图10-2 电能输送示意图

10.1.3 安全用电

随着我国经济的迅速发展，电能的应用日益广泛，各种家用电器和办公自动化设备在给人们带来方便、快捷的同时，用电事故的频繁发生也给人们的生命财产带来极大的危害，只有了解安全用电常识，掌握安全用电操作，在电器设备的安装和使用过程中，才能可靠地防止事故的发生。

1．什么是触电

所谓触电，就是人体直接或间接触及电气线路或电气设备的带电部分，有电流通过人体构成回路，使人身受到不同程度伤害的电气事故。

在多种类型的触电事故中，最为严重的是电击。电击就是电流通过人的身体内部，使组织细胞受到破坏，引起心脏、呼吸系统以及神经系统麻痹。严重的电击将会直接危及人的生命。

除了电击之外，还有电伤。电伤一般发生在带电拉闸和负载短路的情况。当负载电流很大且为感性负载时，带负载切断电源会使闸刀触头产生很大的电弧，若未加灭弧装置或灭弧装置的性能不好，会使触头熔化形成金属蒸气，喷到操作人员的手上或脸上造成电伤。

2．触电的危险

触电总是威胁着触电者的生命安全，其危险程度和下列因素有关。

（1）通过人体的电流

概括地说，通过人体的电流越大，触电对人身造成的危害性越大。那么，不同大小的电流通过人体时会产生什么样的效应呢？微弱的电流通过人体，不会使人有所感觉。人体开始有触电感觉的电流强度称为"感知电流"。不同的人有不同的感知电流，大约在 0.5 至 1mA 范围之内。女性比男性对电流更为敏感，感知电流比男性约低 30%。

触电以后，人在主观意识上能够自主摆脱电源的最大电流，称为"摆脱电流"。当然，不同的人也有不同的摆脱电流，成年男性的摆脱电流在 9mA 左右，成年女性则为 6mA 左右。电流达到 20mA 就会使人的肌肉收缩，呼吸困难；电流达到 50mA 就会引起心室纤维性颤动，导致体内供血中断，有发生死亡的危险。能够在较短的时间内导致死亡的最小电流，称为"致命电流"。显然，超过 50mA 的电流强度，是触电致死的主要原因。因此，一般认为，引起心室颤动的电流就是致命电流。

当有 200～1000mA 的电流较长时间通过人体时，就会产生烧的效应。

电流对人体的作用特征如表 10-1 所示。

表 10-1　　　　　　　　　　电流对人体的作用特征

电流（mA）	作 用 特 征	
	50～60Hz 交流	直流
0.6～1.5	开始有感觉	无感觉
2～3	手指强烈颤抖	无感觉
5～7	手部痉挛	感觉痒和热
8～10	手已难于摆脱电极，但还能摆脱，手指尖到手腕剧痛	热感觉增强
20～25	手迅速麻痹，不能摆脱电极，剧痛，呼吸困难	热感觉大大增强，手部肌肉不强烈收缩
50～80	呼吸麻痹，心房开始震颤	强烈的热感觉，手部肌肉收缩、痉挛，呼吸困难
90～100	呼吸麻痹，延续 3s 就会造成心脏麻痹	呼吸麻痹
300 以上	作用 0.1s 以上时，呼吸和心脏麻痹	—

上表不是直接从实验得来的，而是从触电事故的统计资料分析得来的。

（2）通过人体的电压

从人身触电时的导电回路来看，人体相当于一个电阻。根据欧姆定律，如果有电压作用于人体，就会产生电流。电压越高，流过人体的电流越大，对人身的损害也越严重。

家庭用电的电源大多取自电网，一般都是 220V/50Hz 的交流电，若人体电阻为 1000Ω，可以算出流过人体的电流为 220mA，只要电流持续时间超过 1s，就会出现生命危险。所以，在家庭中造成人身触电伤害的主要是市电 220V 交流电压。电子技术人员在检修电子设备时可能会接触到比 220V 高得多的电压，例如高压电容放电（已脱离电源的电视机高压放电等），由于不是持续高压，且能量很小，一般不会导致生命危险。

当作用于人体的电压低于一定数值时，就不会对各部位组织和器官造成任何损害。这个电压称为"安全电压"。我国规定，低于 36V 的电压为安全工作电压。如果完全干燥，环境工作条件较好，那么 36V 工频交流电压作用于人体也不会造成任何损害。在环境恶劣、空间狭窄、湿度相对较大的工作场所，应该选择 12V 甚至 6V 的安全电压。

（3）电流作用时间的长短

电流通过人体的时间长短，与对于人体的伤害程度有着密切的关系。人体处于电流作用下，时间愈短获救的可能性越大。时间愈长，电流对人体的机能破坏越大，获救的可能性也就越小。

（4）频率的高低

一般说来工频 50～60Hz 对人体是最危险的。从电击观点来看，高频率（500kHz 以上）对人体是较为安全的，但高频率电流灼伤的危险性并不比直流电压和工频交流电危险性小。此外，无线电设备、淬火、烘干和熔炼的高频电气设备，能辐射出波长 1～5cm 的电磁波。这种磁波能引起人体体温增高、身体疲乏、全身无力和头痛失眠等病症。

（5）电流通过人体的途径

电流通过人体时，可使表皮灼伤，并能刺激神经，破坏心脏及呼吸器官的机能。电流通过人体的路径，如果是从手到脚或从手到手，中间经过重要器官（心脏）时最为危险；如果是从脚到脚，则危险性较小。

（6）人体的电阻

当人体接触带电体时，人全就被当作一电路元件接入回路，如上所述，在同样电压的作用下，人体的电阻不同，通过人身的电流大小也各不相同。

人体电阻包括体内电阻和皮肤电阻两部分。体内电阻相对来说比较稳定，皮肤电阻受多种因素影响，变化范围很大。

一般认为，一只手臂或一条腿的电阻大约为 500Ω。因此，由一只手臂到另一只手臂或由一条腿到另一条腿的通路相当于一只 1000Ω 的电阻。假定一个人用双手握紧一带电体，双脚站在水坑里而形成导电回路，这时人体电阻基本上就是体内电阻，约为 500Ω。一般情况下，人体电阻可按 1000～2000Ω 考虑。

影响人体电阻的因素主要有，皮肤角质层的厚度和完好程度，是否潮湿，皮肤接触带电体的面积和接触压力等。若皮肤多汗、潮湿、带有导电粉尘、接触面积和压力大，人体电阻都会显著降低。在不同的环境和工作条件下，人体电阻的参考测试数据如表 10-2 所示。

表 10-2　　　　　　　　　　　　　　　　人体电阻

接触电压（V）	人体电阻（kΩ）		
	皮肤干燥	皮肤潮湿	浸入水中
10	7	3.5	0.6
50	4	2	0.4
100	3	1.5	0.35
250	1.5	1	0.3

从表中可以看出，皮肤的干湿程度与接触电压不同，人体电阻存在着很大的差异。

（7）触电者的体质状况和皮肤的干湿程度

人体是导电的，当触电后电压加到人体上时，就有电流通过。这个电流与人体体质和当时皮肤的干湿程度有关。当皮肤潮湿时电阻就小，皮肤擦破时电阻更小，则通过的电流就大，触电时的危险程度也就大。

必须指出，在同样的条件下，人的身体状况不同，危险性也会有明显差异，体弱、行动不便、患有心脏病的触电者，受到的伤害会更大，儿童的摆脱电流低，所以触电的危险性比成人要大得多。

常听人们有这种说法，触电时人被电吸住了，抽不开。实际上这个说法是错误的。我们知道，不论是否存在电流，在一般情况下，导线、电器中的正、负电荷的电量是相等的，对外的静电作用是相互抵消，即使局部地方偶尔出现少许正、负电荷不相等，其静电引力也是微不足道的。如若不然，就会出现下列奇特现象，用手去移动台灯引线，即使不被"吸住"，至少也会明显感到这种"吸力"，高压电压会"吸住"大量尘土从而形成粗长的尘土柱。事实上，这些现象都没出现。那么问题出现了，人手触电时，为什么有时不把手抽回来？难道不想抽回来？显然是被吸住了抽不回来，对这一提问可用电流的生理效应来解释。

人手触电时，由于电流的刺激，手会由痉挛到麻痹。即使发出抽回手的指令，无奈手已无法执行这一指令了。调查表明，绝大多数触电死亡者，都是手的掌心或手指与掌心的同侧部位触电。刚触电时，手因条件反射而弯曲，而弯曲的方向恰好使手不自觉地握住了导线，这样加长了触电时间，手很快地痉挛以致麻痹。这时，即使想到要松开手指、抽回手臂，已不可能，形似被"吸住"了。如若触电时间再长一点，人的中枢神经都已麻痹，此时更不会抽手了，这些过程都是在较短的时间内发生的。

如手的背面触电，对一般的民用电，则不容易导致死亡，有经验的电工为了判断用电器是否漏电而手边又无电笔时，有时就用食指指甲去轻触用电器外壳，若漏电，则食指将因条件反射而弯曲，弯曲的方向又恰是脱离用电器的方向。这样，触电时间很短，不致有危险，当然，电压很高，这样做也会发生危险。

3. 人体触电的几种形式

人体触电主要有以下几种形式。

（1）单相触电

人体的一部分与一根带电相线接触，另一部分又同时与大地（或零线）接触而造成的触电称为单相触电，单相触电是发生最多的一种触电事故。以下几种情况都是单相触电。

——火线的绝缘皮破坏，其裸露处直接接触了人体，或接触了其他导体，间接接触了人体。

——潮湿的空气导电、不纯的水导电。

——湿手触开关或浴室触电。

——家用电器外壳未按要求接地，其内部火线外皮破损接触了外壳，或家用电器漏电，使外壳带电。

——人站在绝缘物体上一只手触摸火线，却用另一只手扶墙或其他接地导体或站在地上的人扶他。

——人站在木桌、木椅上触摸火线，而木桌、木椅却因潮湿等原因转化成为导体。

（2）两相触电

人体的不同部位同时接触两根带电相线时的触电。这种触电的电压高，危险性大。单相和两相触电如图 10-3 所示。

（3）高压触电

高压带电体不但不能接触，而且不能靠近。高压触电有两种。

——电弧触电

人与高压带电体距离到一定值时，高压带电体与人体之间会发生放电现象，导致触电。

——跨步电压触电

电力线落地后会在导线周围形成一个电场，电位的分布是以接地点为圆心逐步降低。当有人跨入这个区域，两脚之间的电位差会使人触电，这个电压称为跨步电压，如图 10-4 所示。通常高压线形成的跨步电压对人有较大危险。如果误入接地点附近，应采取双脚并拢或单脚跳出危险区，一般在 20m 以外，跨步电压就降为 0 了。

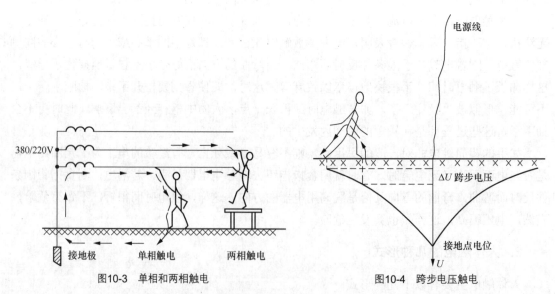

图10-3 单相和两相触电　　　　图10-4 跨步电压触电

高压触电的危险比 220V 电压的触电更危险，所以看到"高压危险"的标志时，一定不能靠近它，室外天线必须远离高压线，不能在高压线附近放风筝、捉蜻蜓、钓鱼、爬电杆等。

可能有的读者会问，鸟儿落在电线上为什么不会触电，如图 10-5 所示。

站在高压线上的小鸟，鸟儿站在一根电线上，没有形成火线、地线同时加在鸟儿的两个部位上，而且站在同一根电线上的小鸟的两只脚之间不会有电压存在，也就不会有电流从它身上通过，所以鸟儿不会触电。

4. 保护接地与保护接零

在人们的日常生活中，使用着多种多样的家用电器，如电视机、电冰箱、洗衣机、电风扇、微波炉等，它们都是直接由 220V 市电供电。这些电器的金属外壳平时是不带电的，但是在使用中由于导体绝缘破损、严重受潮或其他原因，外壳有可能带电并出现危险的对地电压，人体一旦触及，就会发生触电事故。为了保障人身安全，供电系统采取了可靠的保安措施，应用最为普遍的就是保护接地和保护接零。

（1）保护接地

图 10-6 所示的是三相电源中性点不接地系统的示意图。虽然供电线路与大地没有直接相连，但线路导线与大地之间却存在着电容效应，这个等效电容叫作分布电容。供电线路越长，分布电容越大，对工频（50Hz）产生的容抗越小。由图可见，当电器发生漏电时，电流将通过人体、大地、分布电容构成回路，造成人身触电事故。

图10-5　鸟儿落在电线上为什么不会触电

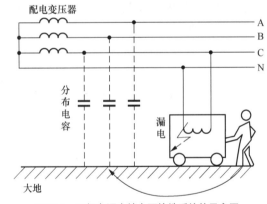

图10-6　三相电源中性点不接地系统的示意图

若将电器的金属外壳通过接地导线和接地体与大地进行可靠连接，如图 10-7 所示。在发生触电时，人体电阻 R_r 将与接地电阻 R_d 并联，人体电阻在较低时约为 1000Ω，而合格的接地装置的接地电阻应低于 4Ω，显然 R_r 远大于 R_d，漏电电流的绝大部分将从接地电阻 R_d 上分流而过，通过人体的电流会远远小于安全电流值，从而保障了人身安全。这种保护措施，称为保护接地。

接地装置由接地体和接地线两部分组成，人工接地体通常采用钢管或角钢打入地下 4m以上，接地线用扁钢或圆钢与接地体电焊连接。

需要强调的是，保护接地仅适于中性点不接地电网。

（2）保护接零

目前，在大多数三相四线制供电系统中，三相电源（发电机、配电变压器）的中性点都通过接地导线和接地体与大地进行了可靠的连接。此时，电气设备的金属外壳并不直接接地，而是连接在零线上，如图 10-8 所示。这种保护措施，称为保护接零。

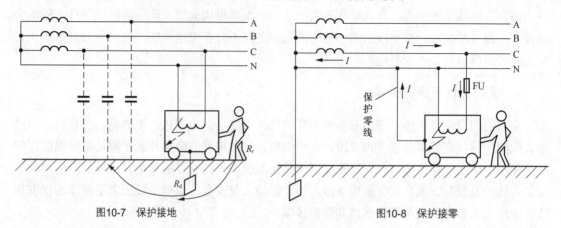

图10-7 保护接地　　　　　　　　　图10-8 保护接零

由图 10-8 可见，当电器发生漏电时，相线通过漏电的金属外壳与零线相通构成回路。由于这一回路的电阻很小，漏电电流很大，会使接在相线上的保险丝 FU 熔断或引起自动开关跳闸，及时切断故障设备的电源，保护了人身安全。

在保护接零系统中，一旦零线断开，不但不能起到触电保安作用，而且在三相负载不平衡时，还会引起各相电压不相等：有的低于 220V，使负载不能正常工作；有的高于 220V，会将这一相所接的电器烧毁，造成"群爆"事故。为此，在供电系统中采取了多点重复接地措施，如图 10-9 所示。

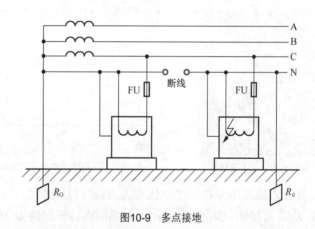

图10-9 多点接地

在正常情况下，重复接地电阻 R_c 与中性点接地电阻 R_o 并联，使接零系统的电阻减小，进一步提高了保护能力。在零线断开时，故障电流又会通过重复接地电阻 R_c 构成回路，使保险丝及时熔断，起到漏电保护作用。

采用保护接零的家用电器，需要注意以下几点。

① 零线上不允许装设开关和保险丝。

② 用户自己接装单相三孔插座时，应按图 10-10（a）所示的进行接线，即：面对插座，左边应接工作零线 N，右边接相线 L，上边是保护零线 E。保护零线必须单独接在零线干线上，绝不允许在插座内将保护零线 E 与工作零线 N 短接。

③ 安装电器的单相三极插头时，必须使用三芯软线，将电器的金属外壳接在插头的上部

E 端，相线接 L 端，工作零线接在 N 端，如图 10-10（b）所示。

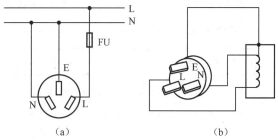

图10-10　单相三孔插座与插头

（3）保护接地与保护接零的选择

在中性点不接地的三相交流电源中，只能采用保护接地的措施。这种保护的原理在于漏电压几乎都将落在电源对地的分布电容上，使得机壳与地之间的漏电压极小。

在中性点接地的三相交流电如低压配电线路中，如果采用保护接地措施，当发生绝缘损坏并使机壳带电时，两地之间会有短路电流通过，如图 10-11 所示。其短路电流为：

$$I_{地} = \frac{220}{4 \times 2} = 27.5\text{A}$$

由于这个短路电流不够大，可能不会使熔断器熔断。尽管保护接地电阻只有 4Ω，但该电流还是会在地与机壳之间形成 110V 高压电，如果人体触及就会酿成触电事故。因此，必须采用保护接零措施。

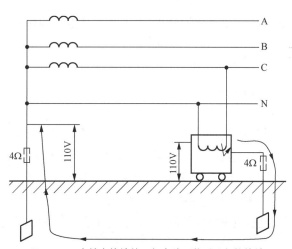

图10-11　中性点接地的三相电路不能采用保护接地

必须指出的是，在同一个配电系统中不允许保护接零与保护接地混合使用。因为当接地处设备的外壳碰线时，该设备的外壳与相邻接零设备的外壳之间具有相电压 U_p 的电位差，如图 10-12 所示。当保护接地设备发生单相碰壳短路时，将使零线电位升高，使接零保护的电器外壳带很高的电压，人若同时接触这两台设备的外壳，将承受很高的相电压，这是非常危险的。

另外，在三相交流电中，三根相线（L1、L2、L3）一般用黄、绿、红三种颜色表示，零线（N）用蓝色表示，保护线（PE）用黄、绿双色表示。采用保护接零的低压供电系统，均是三相五线制供电的应用范围。国家有关部门已作出规定，对新建、扩建、企事业、商业、居民住宅、智能建筑、基建施工现场及临时线路，实行三相五线制供电方式。

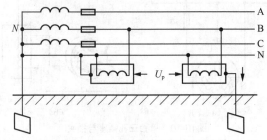

图10-12　保护接零与保护接地不能混合使用

5. 触电事故的规律和预防

（1）触电事故的规律

——有明显的季节性：一般每年以二、三季度事故较多，六至九月最集中。因为夏秋两季天气潮湿、多雨，降低了电气设备的绝缘性能；人体多汗皮肤电阻降低，容易导电；天气炎热，电扇用电或临时线路增多，且操作人员不穿戴工作服和绝缘护具。

——低压触电多于高压触电：是因为低压设备多、电网广，与人接触机会多；低压设备简陋而且管理不严，思想麻痹，多数人缺乏电气安全知识。

——农村触电事故多于城市：主要是由于农村用电条件差，设备简陋，技术水平低，管理不严。

——青年和中年触电多：一方面是因为中青年多数是主要操作者；另一方面则是这些人多数已有几年工龄，不再如初学时那么小心谨慎。

——单相触电事故多，占70%以上。

——事故点多在电气联结部位。

（2）触电事故的预防

——照明用电的火线与零线之间的电压是220V，绝不能同时接触火线与零线，零线是接地的，所以火线与大地之间的电压也是220V，一定不能在与大地连通的情况下接触火线。

——开关要接在火线上，避免打开开关时使零线与接地点断开。

——安装螺口灯的灯口时，火线接中心、零线接外皮。

——室内电线不要与其他金属导体接触，不在电线上晾衣物、挂物品，电线有老化与破损时，要及时修复。

——不用湿手扳开关、换灯泡，插、拔插头。

——不站在潮湿的桌椅上接触火线。

——接触电线前，先把总电闸拉开，在不得不带电操作时，要注意与地绝缘，先用测电笔检测接触处是否与火线连通，并尽可能单手操作。

——各种家用电器的金属外壳，必须加装良好的接零保护。

——随时检查电器内部电路与外壳间的绝缘电阻，凡是绝缘电阻不符合要求的，应立即停止使用。电器使用前要仔细察看电源线及插头。

——室内线路及临时线路的截面积应符合要求，使用的导线种类及敷设工艺应符合规范要求。

——各种电器设备的安装必须按照规定的高度和距离施工，火线与零线的接线位置要符合用电规范。

——刀闸开关的电源进线必须接静触头，保证拉闸后线路不带电。刀闸开关须垂直安装，并使静触头在上方，以免拉闸后自动闭合造成意外。

——低压电路应采取停电检修安全工作方式，检修前在相线上装好临时接地线，或在拉闸处挂上警告牌，或是拔去熔丝上盖并随身带走，防止误合闸。在操作时，应视同带电操作。

重点提示：目前，新建的居民楼，在每套住宅的配电箱中的电度表的后面（负荷侧）都装设了带有漏电保护器的自动开关（也称漏电保护开关），取代了传统的瓷闸盒和保险丝。这种新型的自动开关，除了能方便地通过手动接通和切断电源外，还具有漏电保护、短路保护、过载保护和欠压保护等功能。其中，漏电保护器是一种最为有效的防止触电事故的电气保安装置。一旦家用电器或线路出现漏电，只要人体接触带电部分，漏电保护器就会在极短的时间内切断电源，避免人身受到电击的伤害。

10.1.4　建筑防雷

雷电是自然界中的放电现象，雷击的发生可能伤害人类、建筑物及其内部设备，因此应了解雷电的形成，采取适当的防雷措施，以保护人身安全，使建筑物免遭雷击。

1. 雷电形成

雷是一种大气放电的现象，它是由带有不同电荷的云层放电而产生的。在放电过程中产生强烈的电光（闪电）和巨响（雷鸣），同时还将产生强大的电压和电流，雷电压可高达几十万至几百万伏，雷电流可高达几千安。时间虽短，但足以使建筑物和电气设备受到破坏。

2. 防雷措施

目前在电气设备和电气线路上常用的防雷方法有，用避雷针和避雷线防止直击雷（雷云与带异性电荷的建筑物之间的放电）危害；用各种不同形式的避雷器和放电间隙防止感应雷电的危害。

（1）避雷针

避雷针一般应用在各种电气设备、变电所、高大建筑物和烟囱上。其原理是将云中电荷引到金属针上并安全导入地中，故而可形象地称之为"引雷针"。

避雷针有三个组成部分。一是接闪器 （针头）。它是避雷针的最高部分，专门用来接受雷电，一般可用直径为 10～12mm、长 1～2m 的钢棒。二是接地引下线，或称引下线或接地线。它将接闪器的雷电流引到接地装置。引下线一般可用镀锌钢绞线、圆钢或扁钢制成。它应保证雷电流通过时不熔化，应使用直径不小于 6mm 的圆钢或截面不小于 $25mm^2$ 的镀锌钢绞线。三是接地装置。它是避雷针的地下部分，埋地深度为 0.6～0.8m。接地装置可用圆钢、角钢、钢管和扁钢焊接而成。

（2）避雷线

避雷线一般用在 35kV 以上的高压输电线上，一般架设在电力线之上，在电杆处用引下线与接地装置连接引到大地中。原理是避雷线高于导线，首先被雷电击中，将雷电流导入大地。

（3）避雷器

避雷器一般应用在设备的防护上，其作用是防止设备受到雷波、雷电的电磁作用而产生感应过电压，主要结构是放电间隙。

|10.2　电工常用工具的使用|

10.2.1　试电笔

试电笔是一种测试导线和电气设备是否具有较高对地电压的工具，是安全用电必备的工具。

试电笔由氖管、2～5kΩ 电阻、弹簧和笔身等部分组成，常见的有钢笔式和旋具式两种，其结构外形如图 10-13 所示。

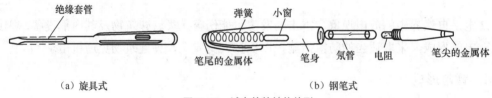

绝缘套管　　弹簧　小窗　　　　　　　　　　　笔尾的金属体　笔身　氖管　电阻　笔尖的金属体

（a）旋具式　　　　　　　　　　　（b）钢笔式

图10-13　试电笔的结构外形

使用试电笔时，握法必须正确。正确的握法是用拇指和中指握住试电笔的塑料柄或笔杆，食指按在金属笔夹或铜铆钉上，用笔尖去接触被测的导线或器具，如图 10-14 所示。当线路或器具有泄漏电流时，泄漏电流经氖管和电阻及人体对地电容流入大地。试电笔内阻很大，经人体的电流虽很小，但很小的电流就可使试电笔上的电压达到起辉电压（一般为 70V 左右），这就是试电笔的测试原理。如果氖管发亮，就说明有电。

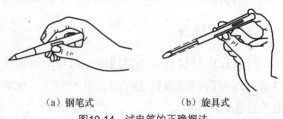

（a）钢笔式　　　　　（b）旋具式

图10-14　试电笔的正确握法

使用试电笔测试时，一定要有一个手指按在钢笔夹或铜铆钉上，否则即使有电，氖管也不会发亮，这样就会错误地把有电当成没有电而发生危险。每次使用试电笔时，最好事先在确实带电的开关或插座处预测一下；如果氖管发光，说明试电笔良好，然后再使用。需要说明的是，为了防止笔尖金属体触及人手造成触电，旋具式试电笔的金属杆上必须套上绝缘套管。

试电笔具有以下几个方面的作用。

（1）判断相线和零线：在交流电路中，用试电笔触及导线或插座时，发亮的为相线，不发亮的为零线（必须在零线完好的情况下）。

（2）检查相线或零线断路：在单相电路中，用试电笔测单相电源回路的相线和零线，氖管均发亮说明零线断路；氖管都不发亮说明相线断路。

（3）区别交流电和直流电：当测试交流电时，氖管两极都发亮；测试直流电时，仅一极发光，而且是负极发光，因此还可区别直流电的正负极。

（4）区别电压的高低：如果是自己经常使用的试电笔，可根据氖管发光的强弱来大致判断电压的高低。

（5）检查导线和电器绝缘是否良好：对电压在 500V 以下的交、直流导线或电器，绝缘正常时用试电笔测试其外皮或外壳时，氖管不亮；当由于某种原因（如受潮或绝缘老化、损伤）使绝缘性能下降或损坏，或者接线错误（相线与零线接反）时，氖管发亮，其亮度与电压成正比，电压越高则氖管越亮。

（6）判断是漏电还是静电：用试电笔测试电器（如电动机）外壳时，如果氖管发亮，说明外壳有电。为判定是漏电还是静电，可用一段两端剥去绝缘的导线（铜线截面积在 2.5mm^2 以上），一端先与地接触好，另一端在试电笔金属头上缠两圈，并留出 3～4mm，然后将线头与带电电器外壳断续碰触几次，如有明显的火花和声响，就可判定为漏电；如果仅仅在开始时有轻微的火花和声响，以后就再也没有了，试电笔的氖管也不亮了，则可认为是静电。

（7）检查电路故障：对于具体电路，可根据分析得出在正常状态和故障状态时电路各点的电压值，然后用试电笔去测试各点，根据氖管的亮与不亮，就可判断出电路中的元器件是否有短路、断路或接触不良等故障。

10.2.2 钢丝钳

钢丝钳俗称钳子，由钳头和钳柄两部分组成。

钢丝钳的功能有，钳口用来弯绞或钳夹导线线头，齿口用来紧固或起松螺母，刀口用来剪切导线或剖切软导线绝缘层，铡口用来铡切电线线芯和钢丝、铝丝等较硬金属。钢丝钳的结构和使用如图 10-15 所示。

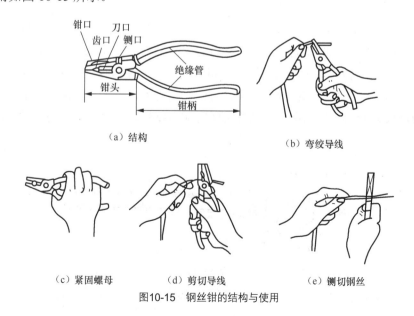

（a）结构　　　　　　　　　　　（b）弯绞导线

（c）紧固螺母　　　（d）剪切导线　　　（e）铡切钢丝

图10-15 钢丝钳的结构与使用

与钢丝钳相近的工具还有剥线钳、尖嘴钳和斜口钳，如图 10-16 所示。

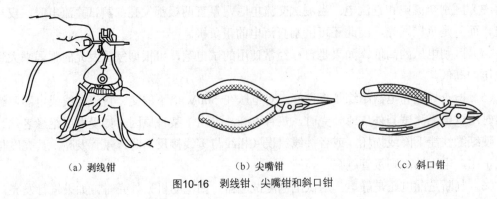

| （a）剥线钳 | （b）尖嘴钳 | （c）斜口钳 |

图10-16　剥线钳、尖嘴钳和斜口钳

10.2.3　螺丝刀

螺丝刀，俗称改锥、起子或旋凿，是一种紧固或拆卸螺钉的工具。主要有平口和十字口两种，手柄又分为木制手柄和塑料手柄两种，如图 10-17 所示。常用的旋具规格有 50mm、100mm、150mm、200mm 等。为避免旋具的金属杆触及皮肤及带电体，应在金属杆上穿套绝缘管。

（a）平口旋具　　　　　　　　　　　（b）十字口旋具

图10-17　螺丝刀

10.2.4　活扳手

活扳手简称扳子，其结构如图 10-18（a）所示，它的头部由定扳唇、动扳唇、蜗轮和轴销等构成。旋动蜗轮可以调节扳口大小。常用的活扳手规格有 150mm、200mm、250mm 和300mm 等，使用时可按螺母大小选用适当规格。扳拧较大螺母时，需较大力矩，手应握在手柄尾处，如图 10-18（b）所示；扳拧较小螺母时，需用力矩不大，但螺母过小容易打滑，宜按照图 10-18（c）所示的方法握把，这样可随时调节蜗轮，收紧定扳唇防止打滑。

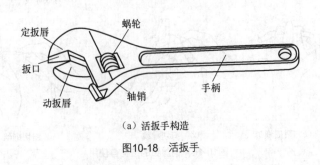

（a）活扳手构造

图10-18　活扳手

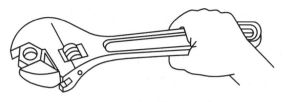

（b）扳拧较大螺母的握法

（c）扳拧较小螺母的握法

图10-18 活扳手（续）

10.2.5 电工刀

电工刀是用来剖削和切割电工器材的常用工具，
外形如图 10-19 所示。使用时，刀口应朝外剖削，使
用完毕随即把刀身折进刀柄。电工刀刀柄结构是不绝
缘的，不能在带电导线或器材上剖削，以防触电。

图10-19 电工刀的外形

10.2.6 电烙铁

电烙铁是锡焊的专用工具，主要由手柄、电热元件、烙铁头等组成。根据烙铁头的加热方
式不同，可分为内热式和外热式两种，外形和内部结构如图 10-20 所示，其规格以消耗的电功
率表示，通常在 20～300W。

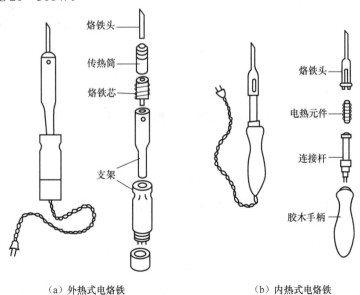

（a）外热式电烙铁　　　　　　　　　（b）内热式电烙铁

图10-20 电烙铁

注意事项：使用电烙铁前，对于紫铜烙铁头，应先除去烙铁头的氧化层，再用锉刀锉成45°的尖角。通电加热，当烙铁头变成紫色时，马上粘上一层松香，再在焊锡上轻轻擦动，这时烙铁头就会粘上一层焊锡，可以进行焊接了。对于已经烧死或粘不上焊锡的烙铁头，要细心地锉掉氧化层，然后再粘上一层焊锡使用。

10.2.7　指针万用表

1.　指针式万用表的结构

指针式万用表的种类很多，功能各异，但它们的结构和原理却基本相同。其结构主要由测量机构、测量电路、转换装置三部分组成。从外观上看由外壳、表头、表盘、机械调零旋钮、电阻挡调零电位器、转换开关、专用插座、表笔及其插孔组成，而内部则由电池及电阻、电容、二极管、三极管、集成电路等元器件组成。

下面结合 500 型万用表，介绍一下指针式万用表的结构。

500 型指针式万用表，是一种高灵敏度、多量程的携带式整流系仪表，该表共有 24 个测量量程，能完成交直流电压、直流电流、电阻及音频电平等基本项目的测量，还能估测电容器的性能等。

从外观上看，500 型万用表正面有表头、表盘、两个转换开关、机械调零旋钮、调零电位器和 4 个表笔插孔，背面有电池盒，能容纳 1.5V 二号电池一节和 9V 层叠电池一块，如图 10-21 所示。

（1）表头

表头是万用表的重要组成部分，决定了万用表的灵敏度。表头由指针、磁路系统和偏转系统组成。为了提高测量的灵敏度和便于扩大电流的量程，表头一般都采用内阻较大、灵敏度较高的磁电式直流安培表，500 型万用表使用的是内阻 2800Ω、满度电流为 40μA 的直流表头。

图10-21　500型万用表的外观

注意事项：由于 500 型万用表的表头采用的是直流安培表，电流只能从正极流入，从负极流出。在测量直流电流的时候，电流只能从与"+"插孔相连的红表笔流入，从与"*"插孔相连的黑表笔流出，在测量直流电压时，红表笔接高电位，黑表笔接低电位，否则，一方面测不出数值，另一方面很容易损坏指针。

（2）表盘

表盘由多种刻度线以及带有说明作用的各种符号组成。只有正确理解各种刻度线的读数方法和各种符号所代表的意义，才能熟练地、准确地使用好万用表。表盘示意图如图 10-22 所示。

刻度尺有四种刻度标记，从上至下分别是，欧姆挡刻度尺、交直流 50V 和 250V 挡的刻度尺、交流 10V 挡的专用刻度尺及 dB 挡刻度尺。由图可见，直流电流和直流电压共用一条刻度尺，并且该刻度尺上的刻度是均匀的、等分的，其他刻度尺上的刻度是不均匀的，同一条刻度尺上标有不同的数字，以避免在使用某些量程时进行换算。电阻值的读数方法与其他读数方法正好相反，从右边零位开始，至左边无穷大，其他量程读数从左边零位开始。

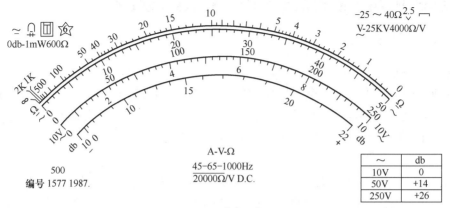

图10-22　表盘示意图

测量结果的读取有三种方法，一种是量限法，即被测对象的数值在刻度尺满偏范围之内，可以直接读取，如测量 250V 以内的电压值，上面的例子就属于这一种；第二种是量程法，即测量结果等于读数乘以量程，电阻挡就属于这一种方法，如将电阻挡量程开关旋至 R×100Ω挡，读数为 10，那么被测电阻的阻值为 1kΩ；第三种是换算法，有 250V 以上的电压挡、+22dB 以上的 dB 挡等。

（3）转换开关

万用表的型号不同，转换开关工作方式也不同，包括功能开关—量程开关合用一只开关型、功能开关—量程开关分离型、功能开关—量程开关交互使用型等，有些万用表还设有专用插座，与功能转换开关配合使用，以完成某些专项测量。500 型万用表就属于交互使用型，使用时首先要熟悉两个转换开关上功能选项的位置，根据被测对象的类别，选择相应的测量项目，再根据被测数值的大小，选择合适的量程，即可进行测量了。如用 500 型万用表测量一块 9V 层叠电池的电压，首先选择功能开关，即将右边的旋钮旋至"V"挡，再选择量程，即将左边的旋钮旋至直流电压 10V 挡，然后将红表笔插入"+"，黑表笔插入"*"，确认无误后，即可进行测量，并从刻度线上读取测试结果。

（4）机械调零旋钮和电阻挡调零旋钮

机械调零旋钮的作用是调整表头指针静止时的位置。万用表不作任何测量时，其指针应指在表盘刻度线左端"0"的位置上，如果不在这个位置，可调整该旋钮使其到位。电阻挡调零旋钮的作用是，当两表笔短接时，表头指针应指在欧姆挡刻度线的右端"0"的位置，如果不指在"0"的位置，可调整该旋钮使其到位。需要注意的是，每转换一次欧姆挡的量程，都要调整该旋钮，使指针指在"0"的位置上，以减小测量的误差。

（5）表笔插孔

不同的万用表，其表笔"+""−"插座的表示方式也各有不同，有的直接用"+"和"−"表示，有的用"+""*"表示，有的用"+""COM"表示等。500 型万用表有四个表笔插孔，分别对应在"*""+""5A"（有些为 dB）和"2500V"位置上。测量时红表笔应插在"+"，黑表笔应插在公共端"*"。

注意事项：指针式万用表的红表笔插孔与万用表内部电池的负极相连，黑表笔插孔与万用表内部电池的正极相连。数字万用表正好相反。在用万用表测量二极管、三极管和某些有极性的元件时要特别注意表笔内部电源极性问题，以免引起误判。

2. 500 型万用表的使用方法

（1）调"零点"

使用前如果万用表指针不指在刻度尺的零点（非欧姆档的起始零点），则必须用螺丝刀慢慢转动机械零点校正螺丝，使指针指在起始点零位上。然后将红表笔插在"+"内，黑表笔插在"*"内，再选择合适的量程，就可以进行下一步的测量了。

（2）直流电压档的使用

将右边的转换开关旋至直流电压档，左边的旋钮旋至相应的待测直流电压的量程。测量时，两表笔应并接在线路的两端。如果事先不知道待测电压的值在哪一个量程范围之内，应该遵循从高量程到低量程的原则，不合适再依次递减，直至指针在有效的偏转范围之内。如果不考虑表的内阻对测量结果的影响，可以选择较小的量程，使指针得到最大幅度的偏转，这时测量的结果读数最准确，误差最小；如果考虑表的内阻对测量结果的影响，就应该选择较高的量程，这样表的内阻增大，减小了表的内阻对测量结果的影响。在测量过程当中，如果不知道电压的极性，可先将一只表笔接好，用另一只表笔在待测点上轻轻地、快速地触一下，如果表针向左偏转，说明测量错误，只需将红、黑表笔交换即可，如果指针向右偏转，表明测量正确，这时红表笔所接的一端为正极，黑表笔为负极，接着可以进行细致的测量。测量结果的读取除 50V 和 250V 挡可直接读出外，其他按比例换算。要准确地读取测量结果，眼睛的视轴应和指针的中垂线重合，以减小人为的读数误差。如果表盘上带有反光镜，读数时指针应和镜中的影像重合。

（3）交流电压挡的使用

将右边的转换开关旋至交流电压挡（与直流电压挡共用），左边的旋钮旋至相应的待测交流电压的量程。量程的选择与测量结果的读取方法同直流电压相同。另外，交流电压挡又多了交流 10V 专用刻度尺。注意：500 型万用表是磁电式整流系仪表，它的指示值是交流电压的有效值，均按正弦波形交流电压的有效值校正，因此只适用于正弦波。

由于交流电没有正、负极之分，所以表笔也没有红、黑之别。但需要说明的是，用直流电压挡测量交流电压值时，指针会抖动而不偏转，甚至会损坏；用交流电压挡测直流电压值时，所测量的结果大约要高一倍。

（4）直流电流挡的使用

测直流电流时应将左边的转换开关旋至直流电流挡，右边的转换开关旋至与被测电流值相应的量程，量程的选定与直流电压的测量方法相同，将被测电路的某一点断开，将两只表笔串接在电路中，注意红表笔接电流流入的一端，黑表笔接电流流出的一端。在测量的过程中，注意两只表笔与电路的接触应保持良好，切勿将两只表笔直接并接在某一电路的两端，以防万用表的损坏。

（5）电阻挡的使用

将左边的转换开关旋至电阻（Ω）处，将右边的转换开关旋至待测电阻值相应的量程，先将两只表笔短路，调节欧姆挡调零电位器，使指针指在欧姆刻度线零的位置上，再将两表笔并接在被测电阻的两端进行测量。测量结果见"Ω"刻度尺。为了减小测试误差，提高测试精度，欧姆挡量程的选用应使指针的摆动范围尽可能地在刻度尺全刻度起始的 20%～80% 之间，最好指在中间部位，这样精度更高。在测量阻值较大的电阻时，要避免人体与电阻两端或表笔导电部分的接触。

注意事项：R×1、R×10、R×100、R×1k 挡所用直流电源为 1.5V 二号电池一节，R×10k 挡所用直流电源是 1.5V 二号电池一节和 9V 层叠电池一块相串连。当两表笔短路时，调节调零电位器如不能使指针摆到"0"Ω 位置上，表明电池电压不足，应更换电池。更换时要注意电池的极性，更换后要保证电池与电池夹接触良好。长期不用时要把电池取出，以防电池漏液而腐蚀或影响其他元件。

利用电阻挡还能估测电容器的好坏。被测电容器的容量与电阻挡量程的选择参照表 10-3。

表 10-3　　　　　　　　被测电容容量、电阻挡的量程、指针摆幅对照表

容量（μF）		0.01	0.1	1.0	4.7	10	22	47	100	220	470
量程	×10k	20M	5M	400k	85k	40k	15k				
	×1k							7.5k	5k	1.5k	0.7k

测量时，将左边的转换开关旋至"Ω"，将右边的转换开关旋至相应的电阻挡，红表笔接电解电容器的正极，黑表笔接电容器的负极。电容容量越大，指针摆动就越大，但最后指针应返回到无穷大位置。若指针摆幅与表中所列数值差异较大，说明被测电容器容量不正确，充电结束后指针不能返回无穷大，则说明被测电容漏电。需要注意的是，在测量时，一定要先放电再测量，以免烧坏万用表。

3. 指针式万用表使用注意事项

万用表属于常规仪器，使用人员多，而且频繁，稍有不慎，轻则损坏表内的元器件，重则损坏表头，甚至危及人的生命安全。因此，在使用万用表的时候，要格外小心，要注意以下几个方面。

（1）要全面了解万用表的性能

在使用万用表之前，必须详细地阅读使用说明书，了解每条刻度线所对应的量程，熟悉各转换开关、旋钮、测量插孔、专用插座的作用。

万用表有水平放置和竖直放置之别，不按规定的要求放置，会引起倾斜误差。按规定的要求放置后，当指针不在机械零点时，应调整表头下方的机械调零旋钮，使指针回零以消除零点误差。

（2）测量前应注意的事项

首先，确定要测什么和怎样测。然后，正确选择测量项目和量程。如果不能估计被测对象的大小，应将量程转换开关旋至最大挡，不合适再依次递减，使指针在刻度线起始位的 20%～80% 之内即可。在每一次拿起表笔准备测量时，务必再核对一下测量项目及量程开关是否合适，使用专用插座时要选择正确，以免烧坏万用表。

（3）测量电压应注意的事项

测量电压时应将两表笔并联在被测电路的两端，测量直流电压时应注意电压的正、负极

性。如果不知道极性，应将量程旋至较大挡，迅速地检测一下，如果指针向左偏转，说明极性接反，应该将红、黑表笔调换（在这种情况下，如果有数字表的话最好使用数字式万用表）。

当被测电压高于几百伏时，必须注意安全，要养成单手操作的习惯。事先把一只表笔固定在被测电路的公共端，用另一只表笔去碰触测试点。要保持精力集中，避免触电。

（4）测量电流应注意的事项

在测量电流时，要与被测电路串联，切勿将两只表笔跨接在被测电路的两端，以防止万用表损坏。测量直流电流时应注意电流的正、负极性（极性的判别以及量程的选择同直流电压挡的使用）。若负载电阻比较小，应尽量选择高量程挡，以降低内阻，减小对被测电路的影响。

（5）测量电阻应注意的事项

测量电阻时要将两只表笔并接在电阻的两端，严禁在被测电路带电的情况下测量电阻，或用电阻挡去测量电源的内阻，这相当于接入一个外部电压，使测量结果不准确，而且极易损坏万用表。

每次更换欧姆挡时，均应重新调整欧姆零点。当 R×1 挡不能调整到零点时，应立即更换电池，且要注意电池的极性，如果手头没有新电池可更换，应将测量值减去零点误差。由于电阻挡的刻度呈非线性，越靠近高阻端刻度越密，读数误差也越大，因此，在测量的过程中，要正确选择量程，使得指针的偏转最好在中心值附近，这时误差最小。

在使用的过程中，应尽可能地避免两只表笔短路，以免空耗电池。

（6）维护应注意的事项

万用表在使用完毕或在携带过程中，应将万用表的量程开关拨至最高电压挡，防止下次使用时不慎损坏万用表。而有些万用表设置了相应的开关，如 500 型万用表，电表两只转换开关上各有一个"·"（早期的 500 型万用表只有右边的旋钮有"·"）。当右边的旋钮旋至此处时，表内电路呈开路状态，可以防止有人不会使用或粗心大意损坏万用表，用完后要把右边的旋钮旋至"·"处；当左边的旋钮旋至此处时，表头被短路，使得指针的阻尼作用得到加强，抗震能力得到提高，所以在携带或运输的时候，要把右边的旋钮旋至"·"处。也有些万用表设置了"OFF"开关，如 MF64 型，使用完毕后应将功能开关拨至此挡，使表头短路，起到防震保护作用。

10.2.8 数字万用表

1. 数字万用表的组成

数字式万用表采用了大规模集成电路和液晶数字显示技术，与指针式电表相比，表的结构和原理都发生了根本的改变，具有体积小，耗电省，功能多，读数清晰、准确等优点，因此受到广大维修人员的青睐。下面以 UT51 数字万用表为例进行介绍，其外观如图 10-23 所示。

从面板上看，数字万用表主要由液晶显示器、量程转换开关和表笔插孔等组成。

（1）液晶显示器（LCD）

不同厂家生产的万用表，其液晶显示器所显示的内容也各有不同，主要有，测量项目显示、测量数字显示、计量单位的显示、状态显示等，除数字显示以外，其他内容的显示都是以字母或符号表示。从液晶显示屏上可以直接读出测试结果和单位，避免了在使用指针表时人为的读数误差以及测量结果的换算等。

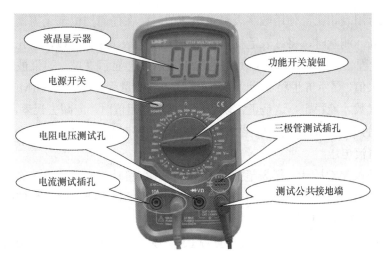

图10-23　UT51数字万用表的面板

注意事项：在测量直流电压或直流电流时，如果读数为负值表示红表笔和黑表笔极性接反，此时也不必交换表笔重新测量。如果只显示最高位的"1"，表示超量限，应当换用高挡位，在换用量程之后要注意小数点位置的变化，以免读错结果。在测量开始 1～2s 内显示的数字会反复跳动也是正常现象。显示屏如果无任何显示，要检查电池及开关是否接触良好，在使用过程当中，如果液晶显示屏显示电池电压不足，要打开后盖螺丝，用同一型号的 9V 新电池更换即可。如果只显示固定的数值要检查万用表是否处于保持状态。

（2）转换开关

数字式万用表量程转换开关在表的中间，量程开关和功能开关合用一只开关，并且功能多、测量范围广，能测量交直流电压、交直流电流、电阻、三级管的放大倍数、电容器的容量、电路的通断等。

在数字万用表中，量程挡的首位数几乎都是 2，如 200Ω、2V、20μF、20mA 等。假如测量结果只显示读数"1"，表示被测数值超过了该量程的测量范围（这种现象称为溢出），说明量程选得太小，应更换高的量程。注意在测量电压或电流的时候，不能确定被测数值范围的情况下，应首选高挡位。

注意事项：数字万用表相邻的两个挡位之间的距离一般很小，很容易造成跳拨和错拨，因此在转换量程的时候要慢，不要用力过猛，到位后要来回晃动一下看是否接触良好。严禁在测量的同时拨动量程开关，特别是在高电压、大电流的情况下，以防产生电弧烧坏量程开关。

（3）表笔插孔

表笔插孔一般有 4 个。标有"COM"字样的为公共插孔，应插入黑表笔，标有"V/Ω"字样的应插入红表笔，以测量电阻值和交直流电压值。测量交直流电流还有两个插孔，分别为"A"和"10A"，供不同量程挡选用，也应插入红表笔。

2. 数字万用表的使用方法

不同的数字万用表，功能有所区别，但使用方法基本一致，下面简要介绍。

（1）测量电阻值

与指针式万用表相比，使用数字表测量电阻值时，在任何挡位都无需调零。读数直观、准确，精确度高。测量时，将红表笔插入 V/Ω 插孔，黑表笔插入 COM 插孔，将功能开关旋至Ω挡相应的量程。当无输入时，在开路情况下显示屏会显示"1"。如果被测电阻值超出所选择量程的最大值，显示屏也将显示"1"，应选择更高的量程。对于大于 1MΩ 或更高的电阻，要过几秒钟后读数才能稳定，这是正常现象。在测量高阻值时，应减去误差，如使用 200MΩ 挡测量 100MΩ 的电阻值时，测量的结果应减去表笔短路时显示的数字。

（2）测量直流电压

将红表笔插入 V/Ω插孔，黑表笔插入 COM 插孔，将功能开关旋至被测直流电压相应的量程，量程的选用与指针式万用表相同。但当被测电压的极性接反时，数值的结果前面会显示"－"，此时不必调换表笔重测。

如果显示屏只显示"1"，表示被测电压超过了该量程的最高值，应选用更高的量程。

（3）测量交流电压

将红表笔插入 V/Ω插孔，黑表笔插入 COM 插孔，将功能开关旋至被测交流电压相应的量程，其他方法与测直流电压基本相同。

（4）测量直流电流

将黑表笔插入 COM 插孔，当测量电流的最大值不超过 200mA 时，将红表笔插入 mA 插孔。当测量电流的最大值超过 200mA 时，将红表笔插入 10A 插孔。将功能转换开关旋至直流电流相应的量程，再将两表笔串联在被测电路中，便可测量出结果。

（5）测量交流电流

将功能转换开关旋至交流电流相应的量程，其他方法与直流电流的测量方法相同。

（6）测量电容

将功能转换开关置于电容量程，将电容器直接插入电容测量插座"CX"中，便可显示测量结果。注意：万用表本身对电容挡设置了保护电路，在测试过程当中，不用考虑电容的极性和放电情况。测量较大的电容时，稳定读数需要一定的时间。

（7）测试二极管和三极管的极性

数字万用表一般都设有二极管挡位。这一挡显示的是被测二极管两端的电压降，除了测量二极管外，还可以用来判断三极管的类型和极性。将表笔接三极管的任意两脚，如果示值在 700（单位 mV）左右，表示是硅三极管。如果显示值在 200 左右，就是锗三极管。如果没有显示（开路状态显示 1），就需要调换红黑表笔测试。

此外，数字万用表还可以判断三极管的类型：红表笔接一脚（基极），另两脚分别接黑表笔都导通（显示数值），说明是 NPN 型三极管。若是黑表笔接一脚（基极），另两脚分别接红表笔都导通（显示数值），说明是 PNP 型三极管。

（8）测量三极管的放大倍数β值

按三极管三个极的位置，将其插入数字万用表的三极管插孔，并根据三极管的类型，选择至 NPN 或 PNP 的位置。如果三极管正常，应显示一个约 20～200 的数值，即为该三极管的 β 值。

3. 数字万用表的妙用

将红表笔插入 V/Ω 插孔，黑表笔插入 COM 插孔，功能转换开关旋至蜂鸣器和二极管挡，便可进行测量。该挡可判断线路的通断。方法是，将两表笔跨接在线路的两端，蜂鸣器有声音时，表示线路导通（R≤90Ω），如果没有声音表示线路不通。

数字万用表与指针万用表不同的是，数字表的红表笔接内部电源的正极，黑表笔接负极，与指针式万用表正好相反。在测量二极管时不要误判。

4. 数字万用表使用注意事项

数字万用表属于精密电子仪器，尽管有比较完善的保护电路和较强的过载能力，使用时仍应力求避免误操作，应倍加爱护。使用时要注意以下几个方面。

（1）要全面了解万用表的性能

使用前要认真阅读使用说明书，熟悉电源开关、量程转换开关、各种功能键、专用插座及其他旋钮的作用和使用方法。熟悉万用表的极限参数及各种显示符号所代表的意义，如过载显示、正负极性显示、表内电池低电压显示等。熟悉各种声、光报警信息的意义。

（2）测量前要注意的事项

测量前首先要明确要测量什么和怎样测，然后再选择相应的测量项目和合适的量程。尽管数字万用表内部有比较完善的保护电路，还是要避免出现误操作，每一次拿起表笔准备测量时，务必再核对一下测量项目及量程开关是否合适，使用专用插座时要选择正确。

（3）测量电压时应注意的事项

测量电压时，数字万用表的两表笔应并接在被测电路两端。假如无法估计被测电压的大小，应选择最高的量程试测一下，再选择合适的量程。若只显示"–1"，其他位消隐，证明已发生过载，应选择较高的量程。在测量直流电压时，可以不考虑表笔的极性，因为数字万用表具有自动转换并显示极性的功能。测量完毕后，应将量程开关旋至电压最大挡，以免下次使用时，因误操作而损坏。

（4）测量电流应注意的事项

测量电流时，一定要注意将两只表笔串接在被测电路的两端，以免损坏万用表。测量直流电流时，跟测量直流电压一样，万用表可以自动转换并显示电流的极性，因此不必考虑电流的方向。

（5）测量电阻应注意的事项

使用电阻挡时，红表笔接 V/Ω 插孔，带正电，黑表笔接 COM 插孔，带负电。这与指针式万用表正好相反，因此在检测电解电容等有极性的元器件时，要注意表笔的极性，而且由于各电阻挡的短路电流不尽相同，用不同的电阻挡测同一只非线性器件时，测得的结果会有差异，这属于正常现象。

利用高阻挡测量大阻值电阻时，显示值需要经过一定时间才能稳定下来，这属于正常现象。测量的结果应当等于稳定的显示值减去零点的固有误差。利用低电阻挡测量小阻值的电阻时，应先将两只表笔短路，测出两只表笔引线的电阻值，测量的实际结果应等于显示值减去此值。

严禁在被测线路带电的情况下测量电阻，也不允许直接测量电池的内阻，因为这相当于给万用表加了一个输入电压，不仅使测量结果失去意义，而且容易损坏万用表。

10.2.9　钳形电流表

钳形电流表又称卡表，用于测量交流电流，一般在 500V 以下的电路测量中使用。

1. 结构原理

钳形电流表由磁电式电流表、电流互感器铁芯及二次绕组、胶木手柄等组成，如图 10-24 所示。

测量时，将钳口打开，把被测载流导线放在电流互感器铁芯的中间，然后闭合钳口。在电流的作用下，电流互感器铁芯中产生了交变磁场，交变磁场又使二次绕组中产生与载流导线有一定比值关系的电流。用磁电式电流表测得二次绕组的电流值，便可确定载流导线中的电流。

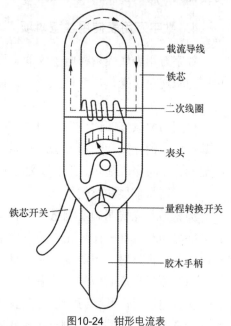

图10-24　钳形电流表

2. 使用方法

测量时，先将转换开关旋转至比预测电流大的量程上，然后用手握住胶木手柄，收拢四指，钳口打开，将被测导线放入铁芯钳口后松开四指，使铁芯闭合，这时从表头中读出的数值，即为被测导线中的电流值。若要测量较小的电流，则可将导线在钳形铁芯上绕几圈，这时，指针便停留在较大电流的数值上。把测得的电流值除以绕在钳形铁芯上的导线匝数，即是该导线的电流值。

3. 注意事项

（1）为使读数准确，钳口的两表面应紧密闭合。如果有杂声，可将钳口重新开合一次；如果铁芯仍有杂声，应将钳口铁芯两表面上的污垢擦净再测量。

（2）进行电流测量时，被测载流导线的位置应放在钳口中间，以免产生误差。

（3）测量前应先估计一下被测电流的数值范围，以选择合适的量程，或先选用较大的量程测量，然后再视电流的大小选择适当的量程。

（4）测量后，应把调节开关放在最大的电流量程上，以免下次使用时由于忘记选择量程而损坏仪表。

10.2.10　兆欧表

兆欧表也称绝缘电阻表（有摇把的兆欧表又叫摇表）。它是一种测量高电阻的仪表。维修中，兆欧表一般用来测量电器的绝缘电阻和绝缘材料的漏电电阻。兆欧表的种类较多，有手摇式、电动式、数字式、智能式等，其中手摇式兆欧表比较常用，其外观如图 10-25 所示。

兆欧表主要有三部分：手摇式直流发电机、双线圈磁电式流比计、测量线路接线柱（L、E、G），其中手摇式发电机靠手进行摇动时可发出数十至数千伏的直流电压，它是测量电路的电源，双线圈磁电式流比计是测量显示部分，测量线路是为了满足测量要求而设计的线路，三个接线柱分别与被测设备的不同部分连接。

兆欧表常用规格主要有 100V、250V、500V、1000V、2500V 和 5000V 等几种规格。选用时，要使兆欧表的输出电压高于被测设备的额定电压，但不能高得太多，否则在测试中可能损坏

图10-25　手摇式兆欧表外观图

被测电气设备的绝缘，一般测量额定电压 500V 以下的电器，用 500V 兆欧表；500～3000V 的电器，用 1000V 兆欧表；3000V 以上的电器，用 2500V 兆欧表。

1. 兆欧表的使用方法

兆欧表上有三个接线柱，两个较大的接线柱上分别标有 E（接地）、L（线路），另一个较小的接线柱上标有 G（屏蔽）。其中，L 接被测设备或线路的导体部分，E 接被测设备或线路的外壳或大地，G 接被测对象的屏蔽环（如电缆壳芯之间的绝缘层上）或不需测量的部分。

使用兆欧表测量绝缘电阻时，必须先切断电源，然后用绝缘良好的单股线把表的两个接线（或端钮）连接起来，做一次开路试验和短路试验。如图 10-26 所示，当表的两个接线测量表的两个接线开路时，摇动手柄，表针应指向无穷大；如果把 L、E 两测量表线迅速短路一下，表针应摆向零线。如果不是这样，则说明表线连接不良或仪表内部有故障，应排除故障后再测量。

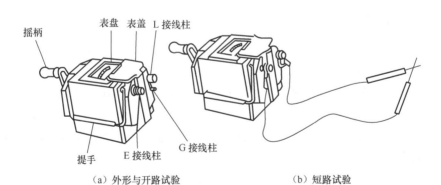

（a）外形与开路试验　　　　　　　　（b）短路试验

图10-26　兆欧表开路和短路试验

测量绝缘电阻时，要把被测电器上的有关开关接通，使电器上的所有电气件都与兆欧表的表线有导线连接。如果有的电气件或局部电路不和兆欧表的表线相通，则这个电气件或局部电路就没被测量到。

兆欧表有三个接线柱，即接地柱 E、电路柱 L、保护环柱 G，其接线方法依被测对象而定。

测量电气设备对地绝缘时，被测电路接于 L 柱上，将接地柱 E 接于地线上，如图 10-27

（a）所示。

测量电动机的绕组对外壳的绝缘时，将绕组引线接于 L 柱上，外壳接于 E 柱上，如图 10-27（b）所示。测量电动机的绕组之间的相间绝缘时，L 和 E 柱分别接于被测的两相绕组引线上。

测量电缆芯线的绝缘电阻时，将芯线接于 L 柱上，电缆外皮接于 E 柱上，中间的绝缘层接于 G 柱上，如图 10-27（c）所示。这里要说明的是，测量电缆芯线的绝缘电阻时，一定要把电缆芯线的绝缘层接兆欧表的"G"柱上，因为当空气湿度大或电缆绝缘表面不干净时，其表面的漏电流将会很大，为防止被测电缆因漏电对测量结果造成影响，应使电缆绝缘层与兆欧表的"G"端相连。

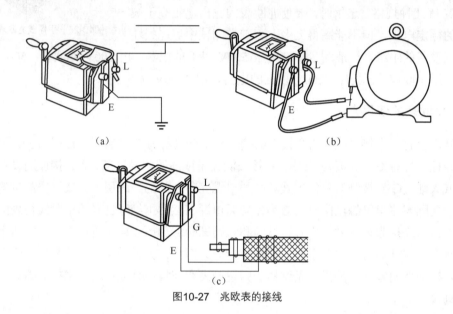

图10-27　兆欧表的接线

2. 兆欧表使用注意事项

（1）兆欧表三个接线柱至被测物体间的连接导线，必须使用绝缘良好的单股多芯线，不能使用双股并行导线或胶合导线。

（2）兆欧表的量限要与被测绝缘电阻值相适应，兆欧表的电压值要接近或略大于被测设备的额定电压。

（3）用兆欧表测量设备绝缘电阻时，必须先切断电源。对于有较大容量的电容器，必须先放电后检测。

（4）测量绝缘电阻时，应使兆欧表转速在 120 转/分，一般以兆欧表摇动一分钟时测出的读数为准，读数时要继续摇动手柄。

（5）兆欧表在停止转动之前，由于兆欧表输出端钮上有直流高压，所以，切勿用手触及接线柱和设备的测量部分。

（6）测量中，若表针指示到零，则应立即停摇，如果继续摇动手柄，则有可能损坏兆欧表。

（7）测量完毕，应对设备充分放电，否则，容易引起触电事故。

3. 为什么不能用万用表测试电气设备的绝缘电阻

万用表施加在外电路的测试电压只有不到 10V，远远不能模拟真实的情况。兆欧表带有发电装置，根据需求可以选不同的测试电压，有一百伏至几千伏，可以接近电气设备的真实使用状态。比如电机绝缘性变差了，但在低压时显现不出，用普通万用表去量一切正常，一旦电压升高，问题就会出现，所以，电动机的高压绝缘性只能用兆欧表才能测量出来。

|10.3　家用用电线路的连接与识图|

10.3.1　家用用电线路的组成

家用用电线路是我们生活中接触最为频繁的电路。那么，你知道在日常的生活中用电线路是由哪几部分组成的吗？通常来说，由以下几部分组成：电度表、断路器（空气开关）、连接导线、开关、插座、照明灯具等。

1. 电度表

电度表是记录用户消耗电能多少的仪表。电度表分类如图 10-28 所示。

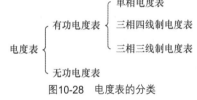

图10-28　电度表的分类

常见电度表如图 10-29 所示。

图10-29　常见电度表

家庭中常用的是单相电度表，主要参数在本书第 1 章已作介绍，这里不再重复。

2. 断路器

断路器的主要作用是接通和断开电源，当线路或设备过载、短路、漏电时自动断开，起到保护作用，防止人身触电。

早期的家庭用电线路断路器，多采用总开关，即闸刀开关配瓷插保险，目前已被淘汰。目前，一般都采用带漏电保护的空气断路器，也称空气开关。

常见的空气开关外观图如图 10-30 所示。

空气开关的内部组成如图 10-31 所示。

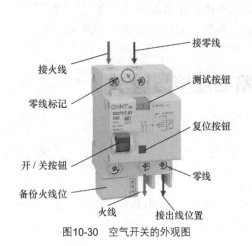

接火线
接零线
零线标记
测试按钮
复位按钮
开 / 关按钮
零线
备份火线位
火线
接出线位置

图10-30　空气开关的外观图

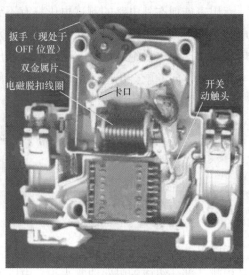

扳手（现处于OFF 位置）
双金属片
电磁脱扣线圈
卡口
开关动触头

图10-31　空气开关的内部组成

空气开关是利用双金属片热膨胀弯曲触动杠杆，使断路器脱扣起到超负载保护作用的。当电流大于额定值时，双金属片弯曲并靠近传感杆，一旦双金属片接触并推动传感杆，致使其卡口松开脱扣联杆，开关动触头在弹簧的作用下，快速脱离静触头，完成保护。

3. 开关

开关在电路中通常可分为单联开关与双联开关两种。图 10-32 所示的是单联开关内部结构与图形符号，图 10-33 所示的是双联开关内部结构与图形符号。

图10-32　单联开关内部结构与图形符号

4. 插座

插座主要分为单相插座与三相插座。

单相插座的供电电压为交流 220V，其插座面板孔位有 2 孔（接 1 根火线和 1 根零线）的、3 孔（接 1 根火线，1 根零线和 1 根接保护地线）的，还有组合式 2、3 孔插座，接线方式同 2 孔插座和 3 孔插座。图 10-34 所示的为常见的三孔插座外形图。

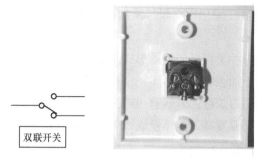

图10-33　双联开关内部结构与图形符号

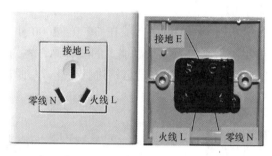

图10-34　单相三孔插座外形

三相插座的供电电压为交流 380V，其插座面板孔位是 4 孔（接 3 相火线和 1 根零线）。相线就是平常所说的火线，零线就是平常所说的中性线，如图 10-35 所示。

图10-35　三相插座外形

需要说明的是，外观上有三个插孔的插座不一定是三相插座，接了三根电源线的才能叫三相。

只接了两根线，但外观上有三个插孔的，实际还是单相插座，另一个孔是用来接地的。一般家里使用的就是这种情况。三相电源是要经过特殊审批的，费用也比较高，一般的家用电器都是接单相电源。

5．照明灯具

按照光源划分，平时生活中比较常见的有四种灯：白炽灯、节能灯、金属卤素灯、LED 灯（发光二极管）。这些灯在使用上各有利弊，下面作简要介绍。

（1）白炽灯

白炽灯最大的缺点就是寿命短，使用时间一般在 3000～4000 小时之间，有些质量差的白炽灯只能使用 1500 小时。家居中白炽灯常常在餐厅、卧室等空间使用，看上去颜色比较舒服，如图 10-36 所示。

优点：光源小、具有种类极多的灯罩形式；通用性大，彩色品种多，具有定向、散射、漫射等多种形式；能用于加强物体立体感，白炽灯的色光最接近于太阳光色。

缺点：不环保，使用白炽灯的时候有 95% 的电能都耗费在了加热上，只有 5% 的电能真正转换成能见的光；发热温度高，热蒸发快，寿命较短（1000 小时），红外线成份高，易受震动影响，色温低，带黄色。

适用范围：家居餐厅、卧室。

（2）金属卤素灯（卤钨灯）

金属卤素灯其实是白炽灯的一种，寿命一般在 3000～4000 小时之间，不会超过 6000 小时。这种灯可用于重点照明，比如为了凸显墙上的装饰画，室内的摆件等，可以用冷光灯杯进行照射，灯的白光可以根据不同的家装风格进行变化，与时尚保持一致，如图 10-37 所示。

图10-36　白炽灯

图10-37　金属卤素灯

优点：简单、成本低廉、亮度容易调整和控制、显色性好。

缺点：使用寿命短、发光效率低，灯丝在长时间高温下易发生熔断，故障率偏高。

适用范围：汽车前灯后灯，以及家庭、办公室、写字楼等。

（3）荧光灯

荧光灯俗称日光灯，其荧光灯管内包含气体为氩气（另包含氪或氖），另外包含几滴水银。靠着灯管的汞原子，由气体放电的过程释放出紫外光，由灯管内表面的荧光物质吸收紫外光后释放出可见光。不同的荧光物质 会发出不同的可见光，如图 10-38 所示。

图 10-39 所示的是日光灯的结构及连线图。

优点：节能，荧光灯所消耗的电能约 60% 可以转换为紫外光，其他的能量则转换为热能。一般紫外光转换为可见光的效率约为 40%。因此日光灯的效率约为 60%×40%=24%，大约为相同功率钨丝电灯的两倍。

缺点：会产生光衰，荧光灯显色性比不上白炽灯；灯光有闪烁现象，对视力有一定影响；此外，生产过程中和使用废弃后有汞污染。

适用范围：工厂、办公室、学校、超市、医院、仓库等室内公共空间。

（4）节能灯

节能灯因节能而受欢迎，一个 9 瓦的节能灯相当于 40 瓦的白炽灯。节能灯的寿命也比较长，一般是 8000～10000 小时。正常使用节能灯一段时间后，灯就会变暗，主要因为荧光粉的损耗，技术上称为光衰。有些品质较高的节能灯发明了恒亮技术，可以让灯管长久保持最佳工作状态，使用 2000 小时后，光衰不到 10%，如图 10-40 所示。

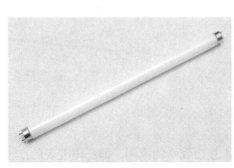

图10-38　荧光灯

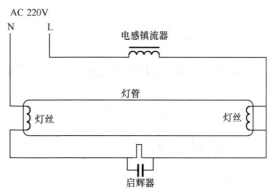

图10-39　日光灯的结构及连线图

　　其实，节能灯就是日光灯的一种。不过它们的区别可大了。简单地说，主要是它们用的镇流器不一样，结构上也有一些区别。另外，在荧光粉的使用上也不太一样。早先的日光灯管使用的是电感镇流器，我们现在的节能灯用的是电子镇流器。电子镇流器是将低频的交流电通过整流转变为直流电，再经过逆变器变换为较高频率的交流电，由高频能量来驱动一只或几只灯管，使之启辉点亮并正常工作。逆变器一般工作于 20～70kHz 的高频，输出级采用 LC 串联谐振电路，通过高频高压将灯点亮，在正常点亮以后电感限制灯的电流。因为频率很高，所以所用的电感体积小而重量轻。由于其启辉装置和镇流装置都集成在很小的体积内，所以节能灯往往可以像灯泡一样直接在灯口上更换，而且启辉时电流需要较小，更省电，也不会因为电压不够而无法点亮。

　　（5）LED 灯

　　LED 属于全固体冷光源，体积更小，质量更轻，结构更坚固，而且工作电压低，使用寿命长。按照通常的光效定义，LED 的发光效率并不高，但由于 LED 的光谱几乎全部集中于可见光频段，效率可达 80%～90%。而同等光效的白炽灯的可见效率仅为 10%～20%，单体 LED 的功率一般为 0.05～1W，通过集群方式可以满足不同需求。LED 灯目前使用越来越广泛，如图 10-41 所示。

图10-40　节能灯

图10-41　LED灯

　　优点：LED 灯具有体积小、耗电低、寿命长、无毒环保等优点，最初是应用于室外装饰、工程照明，现在逐渐发展到家用照明。

缺点：需要恒流驱动，散热处理不好容易光衰。光效比较低，颜色会有缺失，在赤、橙、黄、绿、青、蓝、紫 7 种波段中 LED 灯的蓝、绿波段比较少，因此在显示事物颜色时就会有缺失。

适用范围：交通照明、室内照明、景观照明。

10.3.2　家用用电线路的基本连接

家用用电线路的基本构成图如图 10-42 所示。

1. 电源与电度表的连接

在使用中，电度表接线遵循"1、3 接进线，2、4 接出线"的原则，即：电度表的 1、3 端子电源接进线，其 1 号端子接火线，3 号端子接零线；电度表的 2、4 端子接出线，2 号端子为火线，4 号端子为零线，如图 10-43 所示。

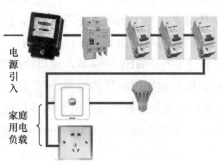

图10-42　照明线路的基本构成图

图10-43　电源与电度表的连接

2. 电度表与空气开关的连接

电度表与空气开关（双极）的连接如图 10-44 所示。

图10-44　电度表与空气开关的连接图

有时，线路中还加入了单联保护开关（也称漏电保护器），连接方式如图 10-45 所示。

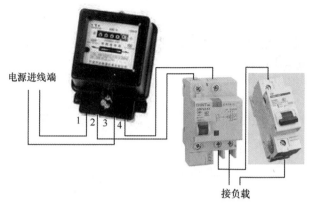

电源进线端

接负载

图10-45 加入漏电保护器的连接图

3. 开关的连接

"火线进开关,零线进灯头",开关在使用中要将火线接入开关中,以达到控制负载通断的目的。

单联开关在电路中单个使用便可控制电路的通断,双联开关在电路中需两个配套使用才能控制电路的通断,单联开关和双联开关的示意图如图 10-46 所示。

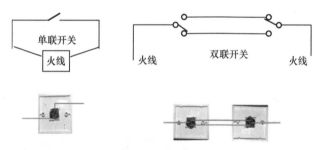

图10-46 单联开关和双联开关的示意图

4. 灯具的连接

白炽灯、节能灯、LED 灯等,只要带有灯头,在接线时,要将火线 L 进灯的那个圆的焊锡点上,零线 N 进螺丝口,这样才安全,不至于开关关闭时候换灯泡触电,如图 10-47 所示。不带灯头的灯具,火线和零线不用区分,但要保障接线和使用上的安全。

早期使用的电感镇流器的日光灯已淘汰,现在的日光灯多采用电子镇流器,接线比较简单,如图 10-48 所示。

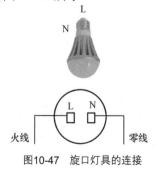

图10-47 旋口灯具的连接

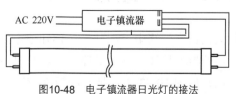

图10-48 电子镇流器日光灯的接法

5. 插座的连接

对于双孔插座来说，从插座正面看，通常按左零右火的接法来接；三孔插座，按上地左零右火的接法来接，如图 10-49 所示。

二孔　　　　　　　　　三孔

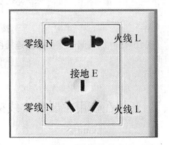

图10-49　插座的连接

另外，还有一种带开关的插座，接线时应注意区分火线和零线，图 10-50 所示的是一种常见的接法。

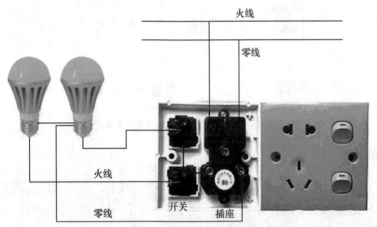

图10-50　带开关的插座的接法

如图 10-51 所示是一个稍复杂的家用用电线路图，图中有电度表、断路器、单联保护开关（漏电保护器）、双联开关、灯和插座等。

实际画图时，一般都用相应的符号表示，如图 10-52 所示。

10.3.3　家用用电线路识图

我们在日常生活中离不开电，你知道家庭中的线路是如何布置的吗？家庭电路一般由电度表、熔断器、导线、开关插座、照明灯具等几部分构成。下面结合具体的线路图介绍一下如何识图，如图 10-53 所示是家庭简易布线图。

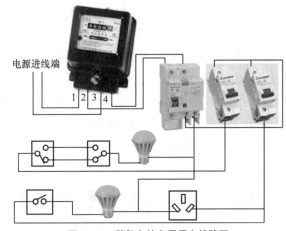

图10-51　稍复杂的家用用电线路图

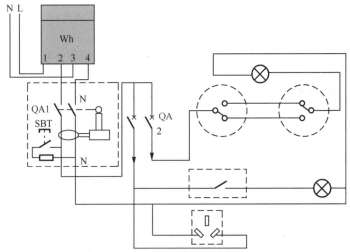

图10-52　规范的用电线路图

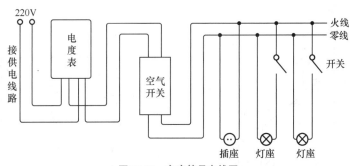

图10-53　家庭简易布线图

交流 220V 通过电度表、空气开关（熔断器）接到家庭电路上。家庭电路中各盏灯应并联，开关与它所控制的灯应是串联，插座与电灯应是并联，电度表、熔断器和用电器应串联。

需要说明的是，电灯的开关要先接到火线上，真正起到控制电灯的作用。对于螺旋口灯泡，其螺旋接口要接零线，这样才比较安全。

在使用中，如果发现熔断器跳开，主要原因一般有以下两点。

一是短路：火线未经过用电器直接与零线相接触的现象。当发现短路时，会引起熔断器跳开，起到保护的作用。

二是超负荷运行（过载），当电路中同时工作的用电器过多，导致线路总电流超过额定值，也会引起熔断器跳开，以免引发事故。

家用用电线路中，不同的回路，因为功率不同，线径有所区别，空调线径是最粗的。

不同的区域，有不同的开关面板，有的空间涉及双控开关。有关家里的用电线路，实际中可能比此图要复杂一些，但原理是一致的。

|10.4　工厂供配电系统介绍|

10.4.1　工厂供配电系统的组成

根据工厂规模的不同，其供配电系统差距较大，下面作简要分析介绍。

1. 小型工厂供配电系统

用电设备总容量较小的小型工厂，一般没有高压用电设备，没有高压配电所，直接采用380/220V 低压电源进线，设置一个低压配电室，将电能直接分配给各车间低压用电设备使用，如图 10-54 所示。

2. 中型工厂的供配电系统

中型工厂，负荷不是太大，高压设备较少，一般设有单独的配电室，进入配电室的电压一般是 6～10kV 的高压，有些特殊部门，需要设置应急备用电源（如发电机），其供配电系统如图 10-55 所示。

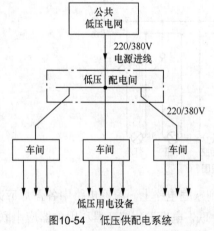

图10-54　低压供配电系统

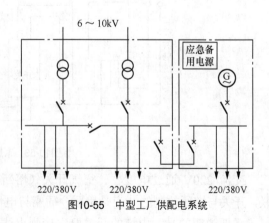

图10-55　中型工厂供配电系统

3. 大型工厂的供配电系统

大型工厂，负载较大，一般有高压设备，还有些单位需要应急备用电源（发电机），因此，供配电系统比较复杂，一般由总降压变电所（高压配电所）、高压配电线路、车间变电所、低压配电线路及用电设备组成，如图 10-56 所示。

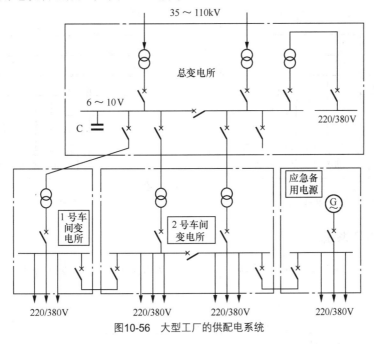

图10-56　大型工厂的供配电系统

10.4.2　电力系统的接地

根据供电中 N 线（中线）和 PE 线（接地线）的不同形式，电力系统分为 TN-C 系统、TN-S 系统和 TN-C-S 系统。

1. TN–C 系统

N 线和 PE 线合用一根导线（PEN 线），所有设备外露可导电部分（如金属外壳等）均与 PEN 线相连，如图 10-57 所示。

系统的特点：PEN 线兼有中线（N 线）和保护地线（PE 线）的功能，当三相负荷不平衡或接有单相用电设备时，PEN 线上均有电流通过。

这种系统一般能够满足供电可靠性的要求，而且投资较省，节约有色金属，但是当 PEN 断线时，可使设备外露，可导电部分带电，对人有触电危险。因此，在安全要求较高的场所和抗电磁干扰有要求的场所均不允许采用该系统。

2. TN–S 系统

这种系统的 N 线和 PE 线是分开的，所有设备的外露可导电部分均与公共 PE 线相连，如图 10-58 所示。

系统的特点：公共 PE 线在正常情况下没有电流通过，因此不会对接在 PE 线上的其他用电设备产生电磁干扰。由于其 N 线与 PE 线分开，因此其 N 线即使断线也并不影响接在 PE 线上的用电设备的安全。

该系统多用于环境条件较差，对安全可靠性要求较高及用电设备对抗电磁干扰要求较严的场所。

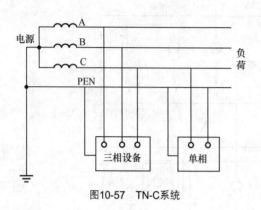

图10-57　TN-C系统

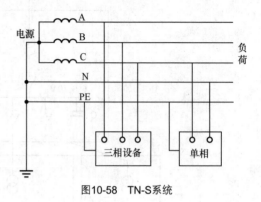

图10-58　TN-S系统

3. TN–C–S 系统

这种系统前一部分为 TN-C 系统，后一部分为 TN-S 系统（或部分为 TN-S 系统），如图 10-59 所示。

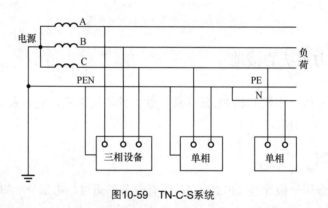

图10-59　TN-C-S系统

系统的特点：兼有 TN-C 系统和 TN-S 系统的优点。常用于配电系统末端环境条件较差并且要求无电磁干扰的数据处理或具有精密检测装置等设备的场所。

10.4.3　高低压开关柜、配电箱/配电柜介绍

1.　配电箱/配电柜与开关柜的区别

（1）配电箱/配电柜

通俗地讲，分配电能的箱体就叫配电箱。一个配电箱可以是一个电源进线和多个供电输出回路。从配电箱引出供电输出至各个用电负荷，由于配电箱的体积较小，不能放入大型配电设备，所以配电箱的容量都不大，一般 4-8 个小负荷用一个配电箱。配电箱主要用作对用电设备的控制、配电，对线路的过载、短路、漏电起保护作用。配电箱安装在各种场所，如学校、机关、医院工厂、车间、家庭等，像照明配电箱、动力配电箱等。

一般而言，配电柜比配电箱要大，所以，一般作为中等容量负荷的配电设备，配电柜可以单独输出到各个用电负荷，也可下接配电箱、电动机等，其适用容量在各个工艺领域中不同，一般在几个千瓦到几十千瓦。

（2）开关柜

开关柜的主要作用是在电力系统进行发电、输电、配电和电能转换的过程中，进行开合、控制和保护用电设备。开关柜内的部件主要有断路器、隔离开关、负荷开关、操作机构、互感器以及各种保护装置等组成。开关柜的分类方法很多，如通过断路器安装方式可以分为移开式开关柜和固定式开关柜；或按照柜体结构的不同，可分为敞开式开关柜、金属封闭开关柜等；根据电压等级不同又可分为高压开关柜和低压开关柜。其中，高压指 3kV 以上，低压指 3kV 以下。开关柜常设置在变电站、配电室等处。

开关柜与配电箱、配电柜相比，除了功能、安装环境、内部构造、受控开关对象等不同外，其显著的特点是外形尺寸不同，配电箱体积小，可设在墙内，也可立在地面（一般叫配电柜）；而开关柜体积大，只安装在变电站、配电室内。

2．高压开关柜

高压开关柜应满足国标标准的有关要求，国内生产高压柜的厂家较多，下面以 KYN28-12 型户内式金属铠装抽出式高压开关柜为例进行介绍。

KYN28-12 型系 3～12kV 三相交流 50Hz 单母线及单母线分段系统的成套配电装置。主要用于发电厂、中小型发电机送电，工矿企事业配电及电业系统的二次变电所的受电、送电及大型高压电动机起动等。实行控制保护、监测之用，具有防止带负荷推拉断路器手车，防止误分合断路器，防止接地开关处在闭合位置时关合断路器，防止误入带电隔室，防止在带电时误合接地开关的连锁功能，是一种性能优越的配电装置。

开关柜被隔板分成手车室、母线室、电缆室和继电器仪表室，每一单元均良好接地，如图 10-60 所示。

A-母线室

母线室布置在开关柜的背面上部，作安装布置三相高压交流母线及通过支路母线实现与静触头连接之用。全部母线用绝缘套管塑封。在母线穿越开关柜隔板时，用母线套管固定。如果出现内部故障电弧，能限制事故蔓延到邻柜，并能保障母线的机械强度。

B-手车（断路器）室

在断路器室内安装了特定的导轨，供断路器手车在内滑行与工作。手车能在工作位置、试验位置之间移动。静触头的隔板（活门）安装在手车室的后壁上。手车从试验位置移动到工作位置过程中，隔板自动打开，反方向移动手车则完全复合，从而保障了操作人员不触及带电体。

工作位置是指，断路器与一次设备有联系，合闸后，功率从母线经断路器传至输电线路。

试验位置是指，二次插头可以插在插座上，获得电源。断路器可以进行合闸、分闸操作，对应指示灯亮；断路器与一次设备没有联系，可以进行各项操作，但是不会对负荷侧有任何影响，所以称为试验位置。

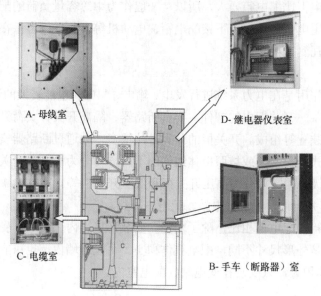

A- 母线室

D- 继电器仪表室

C- 电缆室

B- 手车（断路器）室

图10-60 高压开关柜的结构

另外还有一个检修位置，是指断路器与一次设备（母线）没有联系，失去操作电源（二次插头已经拔下），断路器处于分闸位置。

C-电缆室

开关设备采用中置式，因而电缆室空间较大。电流互感器、接地开关装在隔室后壁上，避雷器安装于隔室后下部。将手车和可抽出式水平隔板移开后，施工人员能从下面进入柜内安装和维护。电缆室内的电缆连接导体，每相可并联一根单芯电缆。必要时每相可并接6根单芯电缆，连接电缆的柜底配制开缝的可卸式非金属封板或不导磁金属封板，确保了施工方便。

D-继电器仪表室

继电器室的面板上，安装有微机保护装置、操作把手、仪表、状态指示灯（或状态显示器）等；继电器室内，安装有端子排、微机保护控制回路直流电源开关、微机保护工作直流电源、储能电机工作电源开关（直流或交流），以及特殊要求的二次设备。

3. 低压开关柜

高压开关柜通过高压进线柜接受高压（通常为6～10kV）后，经过计量、综合继电保护后，再通过高压线将高压送至三相变压器；变压器将6～10kV高压降压至380/220V，送到低压开关柜，低压开关柜输出的电压再经配电柜或配电箱，分配给各路负荷。

因此，一般连接方式应是，市电高压电缆接入高压开关柜的进线柜，再从高压开关柜的出线柜引高压电缆接至变压器的高压侧。然后，从变压器低压侧引低压电缆接至低压开关柜的进线柜。最后，从低压开关柜的出线端引出电缆，至配电柜、配电箱，再从配电柜或配电箱到各路负荷。

低压开关柜主要由一个或多个低压开关和与之相关的控制、测量、保护、调节等设备组成，是一种用结构部件完整地组装在一起的组合体，其外形如图10-61所示。

低压开关柜一般由柜体、母排、断路器、熔断器、指示灯、计量表、电流表、电压表、控制按钮、电力电容、功率因数控制器、限流电抗、接触器等部件组成。

4. 配电箱和配电柜

图 10-62 所示的是一个简单三相配电箱的实物图，主要由连接导线和空气开关组成。

图10-61　低压开关柜外形

图10-62　简易三相配电箱实物图

三相中，A 相线为黄、B 相线为绿、C 相线为红 。

配电柜一般要复杂一些，图 10-63 所示的是一配电柜的实物图。

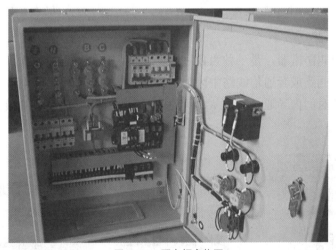

图10-63　配电柜实物图

配电柜主要由以下几部分构成。

（1）空气开关

空气开关也就是空气断路器，在电路中作接通、分断和承载额定工作电流和短路、过载等故障电流，并能在线路和负载发生过载、短路、欠压等情况下，迅速分断电路，进行可靠的保护。

（2）漏电保护器（漏电保护开关）

具备漏电保护功能，当电气设备或线路发生漏电或接地故障时，能在人尚未触及之前就把电源切断。当人体触及带电的物体时，能在 0.1s 内切断电源，从而减轻电流对人体的伤害程度。可以防止因漏电而引起的火灾事故。同时具备电流通断功能、过负荷保护和短路保护功能。

空气开关和漏电保护器相比，在原理上空气开关比较复杂些。两者在保护作用方面也是不一样的。空气开关一般长期用于防止电路承载过重，为防止人体触电，只是起着保险丝的作用；而漏电保护器则是防止人体触电和漏电，通过检测剩余电流，来切断漏电开关。图 10-64 所示的是漏电保护器的外形图。

（3）双电源自动转换开关

双电源自动转换开关为电源二选一自动切换系统，第一路出现故障后双电源自动转换开关自动切换到第二路给负载供电，第二路出现故障双电源自动转换开关自动切换到第一路给负载供电。双电源自动切换开关如图 10-65 所示。

图10-64　漏电保护器外形图

图10-65　双电源自动切换开关

（4）浪涌保护器

浪涌保护器也叫防雷器，是一种为各种电器设备、仪器仪表、通讯线路提供安全防护的电子装置。当电气回路或者通信线路中因为外界的干扰突然产生尖峰电流或者电压时，浪涌保护器能在极短的时间内导通分流，从而避免浪涌对回路中其他设备的损害。常见浪涌保护器如图 10-66 所示。

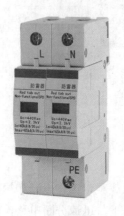

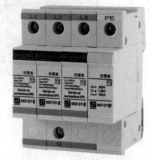

图10-66　浪涌保护器

浪涌也叫突波，顾名思义就是超出正常工作电压的瞬间过电压。本质上讲，浪涌是发生在仅仅几百万分之一秒时间内的一种剧烈脉冲，可能引起浪涌的原因有，重型设备、短路、电源切换或大型发动机。而含有浪涌保护器的产品可以有效地吸收突发的巨大能量，以保护连接设备免于受损。

（5）仪表

常用仪表主要有电度表、电压表、电流表等。

不过，以上讲到的几种元器件都是配电箱中最基本的元器件，在实际生产过程中，还会根据配电箱不同的用途，以及对配电箱的使用要求来增加其他的元器件，如交流接触器、中间继电器、时间继电器、按钮、信号指示灯、KNX 智能开关模块（带容性负载）及后台监控系统、智能消防疏散照明及后台监控系统、电气火灾/漏电监控探测器及后台监控系统、EPS 电源电池等。

10.4.4　应急备用电源

供电级别较高的工厂，在正常情况下要能够提供充足的电源，在正常使用的电源出现故障时也要有足够的备用电源，当遇到紧急情况时（如火灾、地震等），也必须有应急电源保证救灾和疏散人员。任何工厂都需要消耗大量电能才能正常使用和运转，电能的主要来源是国家或地区的电网，在电网不能保证供电或自身有特殊条件时，也会启用备用电源。

常用的应急备用电源有以下几种。

1. 柴油发电机

柴油发电机的优点非常明显，只要柴油能够保证供给，就可以长期供应可靠电能，在野外作业、救灾等场合及在电网供电不能保证的地区，这一优点尤为重要。在很多情况下，柴油发电机供电的可靠程度远高于电网电源。

但柴油发电机的缺点与优点一样明显，一是发电机运行需要充足的氧气，燃油产生的烟气严重污染空气，在建筑中设置发电机，需要考虑进风、排风、排烟通道和除烟设备，在环保意识较强地区还要求排烟出口必须在建筑群下风向的最高处，给建筑设计带来一定麻烦；二是发电机运行时产生的噪声和振动污染环境，发电机周围房间的使用受到限制；三是发电机组启动时间较长，不能满足部分设备的电源转换时间的需求等。图 10-67 所示的为柴油发电机外形实物图。

2. UPS 电源

UPS 电源是一种含有储能装置（通常蓄电池储能），以逆变器为主要组成部分的恒压、恒频的电源设备，UPS 电源主要应用于一些比较重要的场合。举个最简单的例子，如果你去网吧上网，很多时候会遇到突然停电的情况，但仔细的朋友会发现，收银计费电脑停电后依然在使用，并可以计算出我们已经上网多久，为结算提供依据。其实这里收银电脑就会用到 UPS 电源，因为客户上网时间以及费用数据很重要，不能因为停电而导致所有用户上网信息丢失。UPS 电源外形如图 10-68 所示。

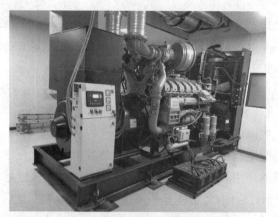

图10-67　柴油发电机外形实物图

图10-68　UPS外形实物图

UPS 与外围设备的连接示意图如图 10-69 所示。

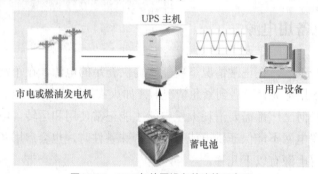

图10-69　UPS与外围设备的连接示意图

归纳起来，UPS 主要用途有以下几点。

一是给单台计算机、计算机网络系统或其他电力、电子设备等提供电力。

二是作为机场、电站、医院、银行等重要部门的备用电源。

三是当市电中断时及时向用电设备持续提供一定时间的电能。

四是在市电出现电压异常及电流杂波时，还可以进行调节和滤波。

UPS 主要分为后备式、在线互动式和双变换在线式三种。

后备式 UPS 对市电进行简单的升降压及滤波处理后直接供给负载，逆变器此时不工作；当输入电源不符合要求或停电时才由电池供电。绝大多数时间内负载使用的是市电或经简单处理过的市电供电。功率范围：不大于 3kVA。

在线互动式 UPS 对市电进行滤波及一次或二次调压处理后直接供给负载；当输入电源不符合要求或停电时，才由电池逆变出高质量的正弦波电源供电。在绝大多数时间内，负载使用的是经简单处理过的市电供电，功率范围一般为 0.5～6kVA。

双变换在线式 UPS 对市电经过整流转换为直流，由逆变器调制出稳定的正弦波；当市电异常时，逆变器由蓄电池提供能量。逆变器始终处于工作状态，确保不间断输出，不存在切换时间问题。功率范围为 1～1500kVA。

3. EPS 电源

EPS（Emergency Power System）是一种集中消防应急供电电源，在市电故障和异常时，能够继续向负载供电，确保不停电，以保护人民生命和财产的安全。

2001 年美国 911 事件以后，我国对大楼火灾和事故逃生引起了重视，2002 年中国就有了第一家 EPS 电源生产厂家，2003 年开始采用原有的 GB17945 灯具标准，同时开始规定和要求新建建筑或超过 500m² 的娱乐场所及体育场馆强制安装集中控制消防应急设备 EPS，取代原有的应急灯，2003～2009 年发展到几十家 EPS 品牌，图 10-70 所示的是 EPS 的外形实物图。

EPS 是根据消防设施、应急照明、事故照明等一级负荷供电设备需要而组成的电源设备，主要组成部分为：整流器、蓄电池组、逆变器、互投装置等。主要用途是，在电网正常时逆变器不工作，经过互投装置给重要负载供电，当交流电网断电后，互投装置将会立即切换至逆变电源供电，当电网电压恢复时，应急电源又将恢复为电网供电。

主要应用场所有机场、体育馆、车站、医院、商场、住宅、地铁、厂房等，在高层建筑应用尤为频繁。

应急备用时间为 60min、90min、120min。

EPS 的工作流程如图 10-71 所示。

图10-70　EPS外形实物图

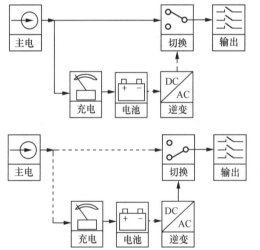

1. 市电正常工作
当市电正常时，交流电供给负载；
同时通过充电器给蓄电池充电。

2. 市电异常工作
当市电异常（停电或市电电压超限）时，
由蓄电池向逆变器应急供电。

图10-71　EPS工作流程

EPS 供电是为了保障电力供应及消防安全，负荷性质为感性、容性及非线性负荷等，而且有些负荷是停市电后才投入工作的，因而要求 EPS 能提供很大的冲击电流。EPS 类似于后备式 UPS，平时逆变器不工作，市电断电时才投入蓄电池供电。EPS 通常采用接触器转换，切换时间为 0.1～0.25s，自动切换，可实现无人值守。

综上所述，EPS 应急电源是一种可靠的绿色应急供电电源，它非常适用于高层建筑消防设施，没有第二路市电，又不便使用柴油发电机组的场合。EPS 应急电源的使用，为消防安全提供了更有力的保障。

在实际工程中，一般会选用柴油发电机作为备用（应急）电源，选用 UPS 作为计算机类负载的保障电源，配备一定数量的 EPS 为消防设施、应急灯具提供电能。

主要参考资料

[1] 张宪. 电工技术[M]. 北京：国防工业出版社，2003.

[2] 涂用军，李力. 电路基础[M]. 广州：华南理工大学出版社，2006.

[3] 王惟言，莫志衡. Edison 立体声光实验室[M]. 北京：人民邮电出版社，2002

[4] 高增. 实用无线电维修理论基础[M]. 北京：机械工业出版社，1999.

[5] 胡斌. 电子线路与电子技术[M]. 山东：山东科学技术出版社，1999.

[6] 全国家用电器职业技能鉴定教材编委会. 家用电器产品维修工[M]. 北京：人民邮电出版社，2002.

[7] 秦曾煌. 电工学[M]. 北京：高等教育出版社，1985.

[8] 任德齐，李怀甫，蒲启彬. 电子产品维修技术基础[M]. 重庆：重庆大学出版社，2000.